DISCOURS

SUR L'ÉTAT ANCIEN ET MODERNE

DE L'AGRICULTURE ET DE LA BOTANIQUE DANS LES PAYS-BAS,

PRONONCÉ PAR

M. Ch. VAN HULTHEM,

Président de la Société Royale d'Agriculture et de Botanique, et un des Directeurs du Jardin Botanique de la ville de Gand,

LORS DE LA DISTRIBUTION DES PRIX, A LA SALLE ORDINAIRE DES SÉANCES DE LA SOCIÉTÉ,

à l'époque du

SALON D'EXPOSITION DE FLEURS,

Le Dimanche 29 Juin 1817.

CERERI
POMONAE
FLORAEQUE
SACR.

A GAND,
Chez P. F. de Goesin-Verhaeghe, Imprimeur de la Société, rue Hautport N° 37.
1817.

Ce Discours étant entièrement historique, on a cru devoir citer les autorités sur lesquelles on s'appuie; on a même souvent rapporté une partie du texte, croyant faire plaisir par là à ceux qui ne possèdent pas les ouvrages cités.

MESSIEURS,

DANS un pays, où l'Agriculture est parvenue à une grande perfection, où des champs sablonneux, qui dans beaucoup d'autres endroits resteroient incultes, se couvrent tous les ans des plus riches et des plus abondantes moissons, dans une terre qu'on est convenu de regarder comme classique, où les étrangers viennent étudier les méthodes de culture, l'usage des assolemens et celui des instrumens aratoires, dans une ville, où Flore paroît avoir placé son temple, qui présente presque autant d'amateurs de plantes que d'habitans, dans un tel pays, dis-je, une Société d'Agriculture pourroit paroître au premier coup d'œil, un établissement inutile et surabondant.

Cependant en convenant de la supériorité de notre agriculture sur celle de beaucoup d'autres pays, si l'on réfléchit que dans les sciences et les arts, on fait tous les jours de nouvelles découvertes et de nouveaux progrès, et que des plantes nouvellement connues exigent souvent une nouvelle culture, on ne disconviendra pas de l'utilité d'une société d'hommes qui s'appliquent à constater les pratiques utiles, à comparer les méthodes indigènes avec celles des autres pays, à faire connoître et à acclimater les nouvelles espèces de plantes utiles et agréables, à améliorer la culture des arbres fruitiers, à propager les connoissances botaniques et à encourager l'industrie agricole.

Dans cette séance publique et solennelle, où les

amateurs de plantes se rassemblent, où les plus belles productions du règne végétal sont étalés à vos yeux, où Flore enfin paroît dans toute sa pompe, entourée de tout ce qu'elle a d'attrayant et d'agréable, qu'il me soit permis de dire quelques mots sur l'état ancien de l'agriculture, sur celui de nos richesses végétales, sur les acquisitions successives de nos plantes céréales et de nos légumes qui font une grande partie de notre nourriture, des arbres fruitiers dont les fruits font les délices de nos tables, des arbres et arbustes, des plantes et des fleurs qui embellissent nos jardins, et sur les établissemens et les hommes zélés et industrieux à qui nous devons ces utiles acquisitions.

Ce seroit une erreur de croire que tous les arbres et arbustes, que toutes les fleurs et les plantes que nous voyons réunis dans nos champs et nos jardins, soient des productions de notre sol. La main bienfaisante de la Providence a répandu dans différentes régions les productions propres à la nature de chaque climat.

L'homme connoissant leur utilité, est parvenu à les réunir des différentes parties de la terre, à les cultiver, les acclimater et souvent à les améliorer.

Si dans ce pays on étoit réduit à se nourrir des fruits indigènes, on n'y trouveroit à manger que quelques bayes agrestes et sauvages, des ronces (1), des airelles (2), les noisettes du hêtre commun (3) et les fraises de nos bois (4), fruits peu propres à assouvir la faim. Les glands même de nos chênes d'un goût âcre et amer, et n'ayant pas la douceur de ceux de la forêt de Dodonne, ne nous seroient d'aucune utilité.

Les premiers peuples qui arrivèrent dans ces con-

---

(1) *Rubus fruticosus.* L. (2) *Vaccinium myrtillus, uliginosum, vitis-idæa.* L. (3) *Fagus sylvatica.* L. (4) *Fragaria vesca.* L.

trées, durent se contenter de la nourriture des animaux sauvages que la chasse leur procuroit, et des poissons de nos lacs et de nos rivières. Errans dans les vastes forêts qui couvroient alors notre pays, et au milieu des marécages et des eaux stagnantes qui les inondoient, leur subsistance étoit peu assurée; semblables aux hordes sauvages de l'Amérique septentrionale, ils étoient souvent en danger de périr de faim, par le défaut d'une culture régulière.

Le froment, le seigle et les autres céréales n'étoient pas connus alors dans nos contrées. Sans être assuré de leur origine, on croit assez généralement que le premier nous vient de l'Asie, et le second de l'île de Crète, pays où ils paroissent avoir été cultivés d'abord, et d'où la culture s'est ensuite répandue dans l'Egypte, la Grèce et l'Italie.

Les légumes originaires de l'Asie et de l'Égypte, qui nous offrent aujourd'hui une nourriture aussi saine qu'agréable, n'étoient pas plus connus alors dans nos pays que les céréales.

Les Romains ne reçurent que tard les fruits délicieux de l'Asie, la pêche, les noix, l'abricot, la cérise, le citron, fruits auxquels ils donnèrent le nom de pomme, originaire de leur pays, en les distinguant par des noms des pays d'où ils les avoient tirés (1).

Cependant les Gaules qui avoient reçu des pays voisins la connoissance et la culture des céréales et l'usage des animaux domestiques, se remplirent insen-

---

(1) Ainsi on disoit *Malus persica*, *Malus armeniaca*, *Malus medica*, etc., tout le monde sait que les pêches viennent originairement de la Perse, les abricots de l'Arménie, les citrons de la Médie, les poires et les prunes de l'Asie, les cérises de l'Asie mineure. Le noyer, *Juglans regia*, croît naturellement dans les environs de la mer Caspienne.

siblement d'une population nombreuse, les contrées du nord malgré un grand nombre de forêts et de marécages, furent cultivées, et ce fut sur-tout à cause de la fertilité des champs que les Belges qui demeuroient au-delà du Rhin, passèrent ce fleuve, chassèrent les Gaulois et se rendirent maîtres des lieux qu'ils occupoient (1).

Lorsque Jules César après de longs combats, s'empara de la plus grande partie de la Belgique, il y trouva une grande population et des champs bien cultivés qui fournirent dans la suite à la subsistance des nombreuses armées romaines, campées sur les bords du Rhin. Les céréales y étoient cultivées en abondance, les champs étoient engraissés avec une espèce de marne; mais on n'y voyoit ni vignes, ni pommiers, ni d'autres arbres fruitiers (2).

L'agriculture fit de grands progrès, lorsque ce pays fut réuni à l'empire romain, les légumes et les arbres fruitiers furent transportés dans la Belgique pour autant que le climat en souffrit la culture. Dès le tems d'Auguste, on avoit déjà fait des essais, quoique inutilement, pour y naturaliser la vigne (3), et déjà du tems de Pline, le platane d'Orient étoit cultivé chez les Morins (4).

---

(1) *Plerosque Belgas esse ortos à Germanis, Rhenumque antiquitùs transductos propter loci fertilitatem ibi consedisse, Gallosque qui ea loca incolerent, expulisse. Cæsar, de bel. gal. l.* II.

(2) C'est ce que nous apprend Varron: *in Gallia transalpina*, dit-il, *intus ad Rhenum, cum exercitum ducerem, aliquas regiones accessi, ubi nec vitis, nec olea, nec poma nascerentur. Varro, de re rusticâ, lib.* I. *cap.* 7. Les pommiers sauvages qu'on voit actuellement dans nos forêts, ne s'y trouvent que depuis que ces arbres ont été cultivés dans notre sol et que ses graines se sont dispersées.

(3) Diodore de Sicile, *edit. Rodoman.* p. 304.

(4) Le platane d'Asie, *Platanus orientalis*, Lin., qui depuis longtems avoit passé dans la Grèce, en Sicile et en Italie, fut transporté

La culture du lin passa de l'Égypte dans les Gaules et fut pendant des siècles, comme il l'est encore, une des sources les plus fécondes de la richesse de notre pays.

Les irruptions des Francs, des Vandales et autres barbares au commencement du cinquième siècle, et ensuite celles des Normans au neuvième firent sûrement un grand tort à l'agriculture. Des villes saccagées, des habitans massacrés ou dispersés firent abandonner un grand nombre de campagnes, dont les champs autrefois cultivés retournèrent en bruyères. Cependant si Baudemond, disciple de S[t]. Amand et moine de l'abbaye de S[t]. Pierre nous dépeint au septième siècle les environs du lieu où se trouve actuellement la ville de Gand, comme des terres stériles (1), nous ne pouvons pas toutefois attribuer à ces dévastations le mauvais état de ces terres, qui sablonneuses et presque stériles de leur nature, n'avoient probablement jamais été cultivées, et dont le défrichement ne

---

dans la Belgique dès les premiers tems de la domination romaine, voici l'endroit de Pline qui nous apprend ces faits: „Sed quis non jure mi„retur arborem umbræ gratiâ ex alieno petitam orbe? Platanus hæc est, „per mare ïonium in Diomedis insulam, ejusdem tumuli gratiâ primùm „invecta, indè in Siciliam transgressa, atque inter primas donata Italiæ, et „jam ad Morinos usquè pervecta, ac tributarium etiam detinens solum, „ut gentes vectigal et pro umbrâ pendant." *Hist. nat. lib.* XII. *cap.* 1.

La culture de cet arbre ne paroît pas avoir été continuée dans les Pays-Bas, où il ne se trouvoit plus du tems de *Dodonée*, voyez l'édit. franç. de son *Hist. des plantes*, Anv. 1557. pag. 531, et l'édit. latine de 1583. pag. 830. *Clusius* demeurant à Vienne, en avoit reçu un en 1576, qui devint en peu de tems d'une grandeur considérable. *Stirp. rarior. hist. p.* 9. Il communiqua ensuite cet arbre à ses amis de la Belgique.

(1) *Ob terræ infæcunditatem omnes sacerdotes à prædicatione loci illius se substraxerant. Act. Sanct. Belgii. tom. IV. pag.* 249. Dans une autre vie de St. Amand, la même chose est répétée en des termes encore plus forts: *Unus pagellus cujus vocabulum est Gandens, juxta scaldis fluenta, qui propter ferocitatem gentis et terræ infæcunditatem prædonibus relictus est.* Ibid. pag. 259.

se fit que plusieurs siècles après, sous le gouvernement de Charles-Quint (1).

Les abbayes établies vers ces tems, eurent une grande influence sur le progrès de l'agriculture et l'amélioration des mœurs.

De grands défrichemens se firent pendant les douzième et treizième siècles sous les Comtes de Flandre et Ducs de Brabant.

Les croisades qui durèrent près de deux siècles, nous apportèrent de nouveaux fruits et de nouvelles plantes. Il étoit impossible à nos compatriotes qui firent souvent le voyage de la Terre Sainte, de traverser des pays mieux cultivés que les leurs, de voir des fleurs agréables de forme et riches en couleur, sans désirer de rapporter ces nouvelles productions dans leur pays (2).

La navigation et le commerce firent successivement de nouveaux progrès dans les quatorzième et quin-

---

(1) „Flandria infernas longè optimum fert triticum, præstatque soli „fœcunditate supernati typham (*secale*) dumtaxat maximâ ex parte „producenti, nonnullisque in locis, agro præcipuè Brugensi ac Gan- „densi *tantùm non sterili*, ubi tamen nunc vincere quidam nituntur „soli maliciam, terramque hactenùs incultam et arenosam in arva redi- „gere.' *Jac. Meyeri rer. Flandr. tom. X. Brugis*, 1531. *in-4. fol.* 40.

(2) Il est probable que c'est à cette époque que l'on doit l'introduction de la rose tremière, appelée autrement rose d'outremer ou rose de Damas (*Alcea rosea* L.), belle plante originaire de la Syrie, dont la graine nous aura été apportée par les Croisés. On peut croire aussi que le blé sarrazin *Polygonum fagopyrum* L., le *Lychnis chalcedonica*, appelé par Dodonée *Flos constantinopolitanus* (Pempt. p. 178) en français *croix de Jérusalem*, et beaucoup d'autres plantes nous ont été apportés pendant les croisades.

La tradition rapporte, dit Mr Faipoult dans son *Tableau statistique du Département de l'Escaut. Paris, impr. impér. in-fol. pag.* 64. „que c'est „dans l'église de Zuydorpe que sont déposées les cendres d'un Croisé „qui, à son retour d'Asie, apporta dans la Flandre le blé noir nommé „*Sarrazin*; mais aucun monument ne constate ce fait."

zième siècles, les Flamands portèrent leurs draps dans tous les pays connus et en rapportèrent les productions propres à chacun de ces pays, la découverte de l'Amérique et le passage aux Indes orientales rendu plus facile, firent connoître beaucoup de nouvelles plantes. Un auteur contemporain, le célèbre historiographe de la Flandre, Jacques de Meyer, nous parle des grandes collections d'arbres fruitiers, de fleurs, d'herbes salutaires, d'arbres et d'arbustes qui se trouvoient au commencement du seizième siècle dans cette Province, et qui ravissoient en admiration tout étranger qui en fut spectateur (1).

Anvers alors la première ville de commerce de la terre, ne se distingua pas moins par son amour pour les plantes et les nombreuses collections qu'on y forma. » Si je voulois, dit Becanus en s'adressant en 1569 au conseil d'Anvers, » si je voulois décrire la » variété des végétaux qui croissent dans les jardins » de cette ville, je serois obligé d'en remplir un vo- » lume entier, puisqu'on ne trouve presque nulle part » une plante qui ne soit cultivée ici avec soin, non » seulement par les pharmaciens, mais aussi par les » autres habitans. On n'épargne aucune dépense pour » satisfaire ce goût, et cela sans d'autre dessein que » de jouir de la vue de ces plantes. Telle est l'ardeur » incroyable qui porte ce peuple à la connoissance et » à la culture des végétaux, que dans cette partie, » il semble surpasser toutes les autres nations" (2).

---

(1) „ Permagnam videas pomariorum, hortorum, pascuorum, torren- „ tium, nemorum, rivulorum, pratorumque amœnitatem, ingentem „ virgultorum, florum, arbustorum dulcedinem, tantamque copiam ac „ virtutem, omne genus salutarium herbarum, ut hominibus peregrinis, „ ingenti admirationi esse soleant." *Jac. Meyeri Flandr. rer. tom. X. Brugis*, 1531. *in*-4. *fol.* 43. *v.*

(2) „ In quorum hortis crescentium varietatem si describendam mihi

L'Empereur Charles-Quint, lors de son expédition en Afrique en 1535, trouva dans les environs de Tunis une fleur brillante par ses couleurs, quoique peu agréable par son odeur, c'est l'œillet d'Inde (*Tagetes patula*, *Tagetes erecta*. L.) que l'on nomma d'abord *fleur de Tunis*, et que nous désignons encore sous le nom d'*Africaine* (1). Cette fleur inconnue jusqu'alors dans nos climats, s'y est tellement répandue, qu'actuellement il n'y a presque pas de jardin, où on ne la trouve cultivée.

„ sumerem, integrum naturalis historiæ volumen esset implendum, cùm „ nihil ferè usque sit herbarum, quod hic non studiosè, non à pharma- „ copolis modò, sed ab aliis etiam civibus cultum reperiatur, non exi- „ guo id quidem sumptu, nec ad aliud, quam ad oblectamentum è plan- „ tarum contemplatione percipiendum. Sed tam insana propè est cog- „ noscendi genti huic cupido, ut eâ in parte omnes alias nationes „ superare videatur." *Goropii Becani*, *origines Antverpianæ*. *Antv.*, *Plantin.*, 1569. *in-fol.* In præfat. ad senat. Antverpiensem. Db.

(1) Un auteur contemporain, Rembert Dodonée de Malines nous a conservé cette anecdote, dans la première édition de son grand ouvrage flamand sur les plantes, publiée à Anvers en 1554. in-fol. pag. 217. „ Deze bloemen wassen in Afrycken, *dit-il*, ende syn van daeren in dit „ landt ghecomen, naer dat die almachtichste ende aldervroomste Ca- „ rolus Keyser die vyfste tlandt ende die stadt van Thunis ghewonnen „ heeft, hier te lande worden sy in die hoven ghesayet." Ce que Clusius dans la traduction de cet ouvrage, Anv. 1557, in-fol. pag. 131, nous a rendu de la manière suivante: „ Ces fleurs croissent en Afrique, „ et delà ont esté apportées en ce païs, depuis que le trèspuissant et „ invincible Empereur Charles cinquiesme eut gaigné la ville et païs de „ Thunes, on les plante en ce païs ès jardins."

Le P. Rapin qui appelle l'œillet d'Inde *Tanacetum*, a célébré cette conquête faite dans l'empire de Flore par Charles-Quint, dans les vers suivans:

> Sed quæ floruerant extremos solis ad æstus,
> Dum gravis ardentes urebat sirius agros,
> Hibernos etiam durant Tanaceta per imbres,
> Clara colore suo, crispæque volumine frondis.
> Hunc primus, Pœno quondam de litore, florem,
> Dum premeret victor durâ obsidione Tunetum,
> Carolus Austriades terræ transmisit Iberæ.

Rapinus, *Hort. lib. II. v.* 950.

Busbeck né à Commines en Flandre, nommé en 1555 ambassadeur de Ferdinand, Roi des Romains, auprès de la cour Ottomane, employa les heures de son loisir à connoître les plantes et les animaux des environs de Constantinople et de l'Asie mineure, il en fit faire des dessins qu'il communiqua à Mathiole, et tout le monde sait que c'est à cet ambassadeur flamand que nous devons l'arbuste agréable, connu sous le nom de Lilas (1).

Guillaume Quackelbeen, médecin de Courtrai qui avoit suivi Busbeck dans sa légation, seconda le zèle de son maître, en cherchant des plantes et en recueillant des graines autour de Constantinople et dans l'Asie mineure, qu'il fit connoître et qu'il envoya à ses amis dans les Pays-Bas (2).

Un grand nombre d'amateurs se trouvoient alors dans ce pays, qui avoient fait de nombreuses collections de toutes espèces de végétaux, permettez-moi, Messieurs, de vous rappeler à ce sujet le témoignage d'un auteur contemporain, grand botaniste, qui visita souvent ces jardins et qui se servit des plantes qu'il y trouvoit, pour la composition de ses ouvrages botaniques; ce témoignage prouve à l'évidence que déjà les Belges, il y a deux siècles et demi, étoient les plus grands cultivateurs de l'Europe, de plantes indigènes et exotiques. » Tout ce pays célèbre et an» tique, dit De Lobel, de la Gaule belgique, connu de-

(1) *Syringa vulgaris*. L.

(2) Ce médecin flamand étoit en correspondance avec Mathiole; nous avons de lui une lettre curieuse écrite à ce dernier et datée de Constantinople au mois de Juillet 1557, dans laquelle il l'entretient de quelques plantes et autres objets d'histoire naturelle. On y voit que Busbeck avoit avec lui un peintre instruit, chargé de figurer et de peindre les arbres étrangers et autres objets qu'il n'étoit pas facile de transporter. Voyez la première lettre du 3e livre des *lettres de Mathiole*. *Francf.* 1598. in-fol. pag. 100.

» puis long-tems sous le nom des Pays-Bas ou de la » basse Allemagne, peut être considéré comme le plus » vaste magazin de l'Europe, où l'on s'empresse de » porter en abondance par terre et par mer tout ce » qui se trouve de curieux et de remarquable dans » quelque endroit de la terre que ce soit, et où l'on » voit accumulés les trésors de l'Europe, de l'Asie et » de l'Afrique. Ce pays est rempli d'un grand nombre » d'hommes de génie, pleins de talens et versés dans » toute espèce d'arts et de sciences; et quoique ces » contrées du nord par la rigueur du froid, les longs » hivers et les mauvaises saisons soient moins propres » à la culture d'un grand nombre de plantes; cepen- » dant telle est l'industrie de ce peuple et sa constante » assiduité à protéger les plantes contre l'inclémence » des saisons et la rigueur du climat, qu'il est impos- » sible de trouver une plante, qu'on ne soit parvenu » d'y élever par les soins et le travail assidu des cé- » lèbres amateurs de ce pays, qui n'épargnent ni pei- » nes, ni dépenses pour parvenir à cette fin; c'est par » cette raison que je ne fais aucune difficulté de mettre » les Belges au premier rang dans l'art d'élever et de » cultiver les plantes; car on trouve dans ce seul pays » plus d'espèces et de variétés de plantes, d'arbres et » d'arbustes, que dans la Grèce, l'Espagne, l'Allema- » gne, l'Angleterre, la France, l'Italie ou dans ses » environs" (1).

---

(1) „ Tota hæc Galliæ-Belgicæ nobilissima et antiquissima provincia, (quæ jam pridem, sub Flandriæ aut inferioris Germaniæ nomine terrarum orbi inclaruit) tamquam celeberrimum totius Europæ emporium, in quod quidquid usquam terrarum est eximium aut expetendum, cumulatè terræ marique advehitur, omnesque Europæ, Asiæ atque Africæ thesauri congesti sunt, præclaris ingeniis, in omni genere artium ac scientiarum excellentibus, fertilissima. Et quamvis is cœli tractus septentrionalis enutriendis innumeris plantis minus sit idoneus, ob frigorum

Tel étoit le langage d'un savant botaniste qui avoit parcouru beaucoup de pays et qui pouvoit apprécier ces collections à leur juste valeur. Vous ne me saurez pas mauvais gré, j'espère, si je rappelle ici quelques-uns de vos devanciers qui vers 1550 et quelques années après, cultivèrent les plantes avec autant de succès que de gloire.

Un des premiers amateurs, nommé par nos botanistes, est Gérard van Veltwyck, écuyer, conseiller-d'état aux Pays-Bas, trésorier de l'ordre de la toison d'or, demeurant à Bruxelles et florissant vers 1550; à une érudition très-étendue et une grande connoissance de langues, il joignoit l'amour et l'étude des plantes, et telle étoit son ardeur à acquérir la connoissance de toute espèce de végétaux, qu'il gravit les Alpes et d'autres montagnes élevées, et qu'il parcourut l'Italie et plusieurs autres parties de l'Europe; dans les légations qu'il remplit à Constantinople et en d'autres endroits, il ne manqua jamais d'étudier les plantes indigènes des pays où il se trouvoit. Il transporta dans ses vastes jardins toutes les plantes qu'il put recueillir dans ses voyages, ainsi que celles qu'il fit venir à grands frais des parties les plus éloignées

---

sævitiam et longas hyemes et continuas durabilesque ei incumbentes cœli tempestates atque injurias; tamen ea est incolarum industria, sedulitas ac pertinax in tutandis à prædictis incommodis tenerioribus plantis diligentia, ut nulla stirps toto orbe inveniri possit, quæ non improbo labore et indefessâ operâ clarissimorum heroüm et virorum illustrium, nullis impensis parcentium, novis hîc artibus educetur alaturque egregiè: undè non immeritò in excolendâ re herbariâ, antiquissimo studio, summisque viris dignissimo, primam laudem Belgis obtulerim. Nam in hâc unâ provinciâ plures herbarum, fruticum, arborumque diversitates invenias, quam in antiquissimâ Græciâ, spatiosissimâ Hispaniâ, Germaniâ, Angliâ, Franciâ, cultissimâ denique Italiâ, aut aliquo huic circumjacente regno aut provinciâ."

Matthiæ de Lobel plantarum seu stirpium hist. Antv. Christoph. Plant. 1576. in-fol. in præf. *p.* 3.

de la terre. Il inspira ce goût à Marie, Reine d'Hongrie, Gouvernante des Pays-Bas (1), à qui Dodonée dédia ensuite son grand ouvrage flamand sur les plantes (2).

Pierre Caudenberg apothicaire d'Anvers, avoit rassemblé avant 1560 avec grand soin et dépense dans son jardin hors de la porte St. Jacques au village de Borgerhaut, outre les plantes ordinaires du pays, plus de quatre cents plantes étrangères (3). Le célèbre Conrad Gesner en parle avec un grand éloge et rapporte, dans un catalogue raisonné, les principales plantes de son jardin (4), De Lobel y avoit vu le *Dracœna draco*, plante alors très-rare en Europe (5).

Charles de Saint-Omer, seigneur de Drenouter, Moerkerk, Moerbeek, etc. très-versé dans la littérature grecque et latine, cultivoit dans son beau jardin de Moerkerk, village situé sur la Live à une lieue et demie de Bruges, toutes espèces de plantes indigènes et exotiques, il avoit rassemblé dans un riche cabinet les productions de la nature du pays et avoit fait représenter chaque objet par un artiste habile avec ses couleurs naturelles; il se proposoit de publier un ouvrage sur les animaux, les minéraux et les

---

(1) *Remb. Dodonæi de frugum bist. Antv.* 1552. *in*-8. in dedicat.

(2) En 1554 et 1563.

(3) *Lodovico Guicciardini, descrittione di tutti i Paesi Bassi. Anversa, Silvio*, 1567. *in-fol. pag.* 8.

(4) Dans son ouvrage *De bortis Germaniæ*, qui se trouve à la fin de *Valerii Cordi, annotationes in Dioscoridem. Argentorati*, 1561. *in-fol.* „ Antverpiæ, *y dit-il*, non procul oceano distans, emporium longè „ nobilissimum copiosissimumque ad scaldim flumen...... in eâ urbe „ civis Petrus Coudenbergius pharmacopæus percelebris ad insigne cam- „ panæ veteris, omnium simplicium medicamentorum diligentissimus „ inquisitor, hortum variis studiis et raris stirpibus suo studio refertum „ excolere et augere pergit." fol. 238. v. --- Il fait ensuite connoître les plantes les plus rares de son jardin. fol. 243.- 287.

(5) *Lobelii stirpium historia. Antv.* 1576. pag. 639.

plantes indigènes, lorsqu'une mort prématurée nous priva en 1569 d'un ouvrage aussi utile au pays qu'il eût été glorieux pour son auteur. En mourant, âgé seulement de 36 ans, il laissa au collége de médecine de Louvain quatre volumes in-folio de plantes peintes avec beaucoup d'art (1).

Jean de Brancion, possesseur d'un beau jardin, riche en plantes étrangères qu'il faisoit venir des contrées les plus éloignées, étoit en correspondance avec les plus célèbres botanistes de son tems, et communiquoit avec une grande libéralité toutes ses plantes rares à Dodonée, à Clusius (2) et à De Lobel qui en firent la description. Jean vander Dilf, son digne héritier, ne négligea rien après sa mort, pour accroître le nombre de ces richesses végétales.

Jean Boisot, homme aussi savant que grand amateur de plantes, avoit un jardin justement renommé à Bruxelles, cité par tous les botanistes de ces tems (3).

---

(1) „ Quidquid rarorum piscium mare, *dit* Marchantius, fluvii, lacus: quidquid notabilium avium aër, silvæ, stagna: quidquid herbarum, quidquid etiam lapidum usu aut raritate insignium tellus Flandris producit....... omnia luculentè nobis expressisset, nisi....... præmaturo exitu, huic patriæ funestissimo desiderio, exitioque prævertisset, Carolus à Mourbekâ Drenoutrius, (*qui*) emissarios investigationi, omnigenas herbas usui, peritum pictorem memoriæ et oblectamento impensè nutriebat, in suo ad flumen Liviam Mourkercano: legatisque Lovaniensi medicorum collegio simplicium perspectorum, floridissimèque effictorum quatuor voluminibus, et Gesneri de Lapidibus, seque bonâ illius operâ usum, scribentis commendatione celebris documentum statuit, quam pronus esset doctorum studiis adjuvandis, quam appositus Flandriæ illustrandæ." *Marchantii Flandr. Antv.* 1596. *in*-8. *pag.* 27 *et* 28, voyez aussi *Ibid. pag.* 93. et *Sanderi, de script. Flandr.* Antv. 1624. in-4. pag. 32.

(2) Clusius l'appelle son excellent ami, *summus meus amicus et tamquam frater charissimus. Rarior. plant. hist. Antv.* 1601. *pag.* 179.

(3) „ Bruxelles....... *dit* Lod. Guicciardini, ha Giovanni Boisot, dottissimo nelle lingue latina e greca, gran' teologo e molto intendente e esperto nella virtu de simplici." *Di tutti i Paesi Bassi.* Anv. 1581. pag. 84. Clusius l'appelle *peritissimum et diligentissimum rei herbariæ cultorem. Rarior. plant, hist.* pag. 50.

Jean Vreccome de Bruxelles, jouissoit de la réputation d'un cultivateur habile et diligent.

Martin Tuleman de Mastricht, étoit infatigable dans la recherche des plantes, et les cultivoit avec succès.

Charles de Langhe, plus connu sous le nom de *Langius*, de Gand, chanoine de St Lambert à Liège, nommé par ses contemporains le plus docte et le meilleur des hommes, éleva dans son beau jardin un grand nombre de fleurs et de plantes étrangères qu'il fit venir de tous côtés, non seulement de celles qui flattent la vue, mais encore une quantité d'autres qui sont en usage dans la médecine (1). Juste Lipse en fuyant en 1570 les troubles, dont les Pays-Bas étoient alors agités, logea quelque tems chez Langius, admira son jardin et prit lui-même du goût pour ce genre de curiosités, il cultiva sur-tout avec soin les tulipes, fleurs alors encore rares en Europe, et

---

(1) Langius étoit très-savant en grec et en latin, fort bon poëte et un des plus judicieux critiques de son siècle. Le P. André Schot ne balance pas de le préférer à Lambin et à tous ceux qui ont corrigé ou expliqué les ouvrages de Cicéron; J. Lipse et Arias Montanus en ont parlé avec le plus grand éloge, tous conviennent qu'il réunissoit une érudition rare à des vertus très-distinguées; nous avons de lui des notes sur les offices de Cicéron, des variantes sur Plaute et des poësies latines. Il avoit fait des notes sur Sénèque, sur Solin, sur Suétone, et un grand nombre de remarques sur Pline, Théophraste et Dioscoride, mais qui n'ont point paru. Il mourut dans un âge peu avancé le 27 Juillet 1573. Son père Jean de Langhe fut successivement secrétaire de Charles-Quint et de Philippe second.

On trouve sa vie dans les *Mémoires pour servir à l'hist. littér. des Pays-Bas, par Paquot*, Louv. 1768. in-fol. tom. 2. pag. 489.

„ Multæ observationes ejus, *dit* Juste Lipse, in Plinio, Theophrasto, „ Dioscoride, cùm præter alia elegantis ingenii, unicus amator esset „ florum et hortorum. Postremis litteris anxiè petierat, ut ex imperatoris horto mittenda curarem bulbos tulipæ versicoloris, item Tibcadi „ (*Hyacinthus muscari* L.) et nescio quæ alia, ut sic dicam emblemata „ horti, ab usque Byzantiâ allata." *Lipsii, epistolicarum quæst. lib. IV. epist. XVII.*

entretint à ce sujet une correspondance avec Clusius qui lui envoya de belles variétés (1).

Le savant philologue, Jean de Grutere d'Anvers, plus connu sous le nom de *Janus Gruterus*, avoit une grande passion pour les fleurs, et les cultivoit avec un soin particulier (2).

Guillaume André, pharmacien d'Anvers, Géorge van Rye et Raphaël Coxie, habitans de Malines (3), Jean Bidaut, chanoine à Lille (4), Charles de Croy, prince de Chimai, Pierre de Bossu, seigneur de Jeumont et Charles de Bossu, vicomte de Bruxelles, Gilbert d'Oignies, évêque de Tournai, Charles de Houckin, seigneur de Longastre, Jacques Utenhove, Philippe Deurnagle de Vroylande, Jean de Limoges et trois professeurs de l'université de Louvain, savoir Pierre de Breughel, Corneille Gemma et Jean Viring (5), sont honorablement nommés par les bota-

---

(1) On trouve ces lettres dans la collection de P. Burman, 5 vol. in-4. Rubens connoissant le goût de J. Lipse pour les tulipes, n'a pas omis de placer de ces fleurs derrière son portrait, dans le tableau des quatre philosophes qui est à Florence au palais Pitti.

(2) *Mémoires de Paquot*, in-8. tom. 16. pag. 10.

(3) Ceux-ci et tous les précédens sont honorablement cités dans les ouvrages de Clusius et de Dodonée, et notamment dans la préface de ce dernier, qui précède ses *Stirpium historiæ*, de l'édition d'Anvers de 1583, où il dit: „ Adjecimus verò et horum similiter nomina (sed „ tamen seorsim) ex quorum hortis nobis copiosa locuplesque subindè „ præstita est stirpium multitudo, et coràm videndarum cognoscenda- „ rumque copia et potestas facta."

(4) Voyez l'appendix dans *Clusii rarior. plant. hist.* pag. 255.

(5) Dans la préface de *Lobelii stirp. hist.* Anv. 1576. in-fol. pag. 4. auxquels il ajoute les célèbres cultivateurs Jean de Brancion, J. vander Dilf et J. Boisot antérieurement nommés. „ Quos, *dit il*, quòd in hoc „ studio cæteros ferè præcellant, hîc honoris causâ, uti æquum est, „ nomino; quique in hoc concinnando opere, maximo mihi adjumento „ fuerunt, subministratis innumeris raris ac singularibus plantis, quas „ magnis expensis Constantinopoli, ex Græciâ, Hispaniâ, cæterisque „ Asiæ et Africæ regionibus, et nuper reperto novo orbe, instruendo- „ rum ditandorumque hortorum suorum causâ compararant."

nistes de leur tems, comme de zélés et d'intelligens cultivateurs de plantes.

Marie de Brimeur épouse de Conrad Schets, et Christine Bertolf épouse de Joachim Hopperus, docteur en droit, conseiller à Malines et depuis secrétaire de Philippe II. à Madrid pour les affaires des Pays-Bas, se distinguèrent alors parmi les dames, qui s'occupoient de la culture des plantes (1).

C'est à Hopperus que nous devons la connoissance du grand Soleil (2), originaire du Pérou, fleur aujourd'hui si universellement répandue dans nos jardins qu'on pourroit presque la prendre pour une plante indigène; semée dans les jardins du Roi à Madrid, elle s'y étoit élevée à la hauteur de 24 pieds. Hopperus envoya une figure peinte à son épouse et des graines aux amateurs des Pays-Bas, et ce fut en 1569 qu'on l'y vit pour la première fois, dans les jardins des curieux (3).

---

(1) *Dodonæi*, *stirp. hist. Antv.* 1576. in præfat.

(2) *Helianthus annuus.* L.

(3) C'est Dodonée qui dans les dernières feuilles ajoutées à la seconde édition de son *Florum et coronariarum odoratarumque nonnullarum historia. Antv.* 1569. in-8. nous a donné le premier la figure et la description de cette plante. On ne sera peut-être pas fâché de voir une partie du texte: „ Chrysanthemi Peruviani (iconem) nobis communi„ cavit integerrima ac honestissima domina Christina Bertolfia, à cha„ rissimo conjuge suo, clarissimo ac amplissimo viro D. Joachimo „ Hoppero regis consiliario ex Hispaniâ sibi missam." pag. 304. --- „ In „ Peru aliisque quibusdam Americæ provinciis repertum fertur: satum „ Madritii apud Hispanos in horto regio, ad pedes usque viginti qua„ tuor adolevit." *Ibid.* pag. 305. --- „ Visa hæc nobis stirps est in horto „ amœnissimo ac variarum plantarum generibus refertissimo magnifici ac „ generosissimi D. Joannis Brancionis, viri stirpium varietatis studio„ sissimi, cujus liberalitate ac benevolentiâ, non pauci flores huic „ historiæ accesserunt, qui aliàs non fuissent additi; utpotè quos te„ merè alibi quàm in ejus hortis, quærere fuisset. In hujus dico horto, „ chrysanthemi Peruviani stirps visa est, sed ad decem aut undecim „ tantùm pedes adolevit." *Ibid.* 303.

Trois célèbres botanistes parurent à cette époque dans les Pays-Bas, leur mérite éminent, les savans ouvrages qu'ils ont publiés, les progrès qu'ils firent faire à la botanique et le grand nombre de plantes qu'ils nous ont fait connoître, commandent impérieusement d'en faire une mention particulière.

Rembert Dodonée, né à Malines en 1518, s'appliqua dès sa jeunesse à l'étude des plantes; les nombreuses collections qu'il trouva dans sa patrie, lui en facilitèrent les moyens, dès l'an 1552 il commença à publier les premiers essais de ses ouvrages qu'il perfectionna dans la suite, et deux ans après il fit paroître la première édition flamande de sa grande histoire des plantes (1). Dodonée eut désiré d'obtenir une

(1) *Des cruydeboeks, dat es van der cruyden gheslacht, fatsoen, naem, cracht, en werckinghe, duer doctor Rembert Dodoens, medecyn der stad van Mechelen, t'Antwerpen by Jan vander Loe in onser vrouwen pandt.* 1554. in-fol. de 818 pages, avec des figures en bois. L'ouvrage est dédié à Marie, Reine d'Hongrie, sœur de Charles-Quint et Gouvernante des Pays-Bas. On y voit le portrait de l'auteur, gravé en bois avec l'inscription REMBERTI DODONÆI ÆTA. XXXV. VIRTUTE AMBI. et ses armes.

Cette première édition est extrêmement rare et inconnue à Séguier, à Haller, Linnée, Paquot, M. Banks, et à tous les bibliographes, ce n'est qu'après l'avoir cherchée inutilement pendant plus de vingt-cinq ans, qu'un heureux hazard m'en a procuré un exemplaire, elle sert à faire connoître les plantes étrangères qu'on cultivoit dans la Belgique à cette époque, l'auteur en présente pour ainsi dire, le tableau statistique, ayant eu soin de marquer celles qu'il avoit trouvé cultivées dans les jardins de nos amateurs. Clusius en fit une traduction française en y ajoutant quelques changemens et additions que l'auteur lui avoit fournis, et qui parut sous le titre de : *Histoire des plantes, en laquelle est contenue la description entière des herbes, c'est-à-dire, leurs espèces, forme, noms, tempérament, vertus et opérations, non seulement de celles qui croissent ès ce païs, mais aussi des autres étrangères qui viennent en usage de médecine, par Rembert Dodoens, médecin de la ville de Malines, et nouvellement traduite de bas aleman en françois par Charles de l'Escluse. Anvers, de l'imprimerie de Jean Loë,* 1557. avec fig. gravées en bois, in-fol. de 584 pages, sans les tables. Cette édition est encore très-rare, quoique moins que la première.

chaire à l'université de Louvain, à laquelle il ne pouvoit faire que beaucoup d'honneur, et on eut tort sans doute de ne pas lui accorder sa demande (1); il étoit encore à Malines au mois d'Octobre 1572, lorsque les soldats du Duc d'Albe pillèrent cette ville pendant trois jours de suite, et il eut beaucoup à souffrir de l'avidité et de la cruauté des soldats espagnols. Peu de tems après, Hopperus alors secrétaire de Philippe II, fit offrir à Dodonée la place de médecin du Roi que Vésale venoit de quitter; mais il n'accepta pas ce poste (2), aimant mieux de se rendre en Allemagne auprès de Maximilien II, qui le nomma son médecin pour succéder à la place du docteur Nicolas Biesius de Gand, mort peu de mois auparavant. Dodonée s'étant rendu à Vienne, servit en cette qualité l'Empereur jusqu'à la mort de ce prince, arrivée le 12 Octobre 1576; il fut ensuite médecin de Rodolphe II, fils et successeur de Maximilien, qui l'honora comme son père, du titre de conseiller aulique; mais préférant le calme de la vie privée aux agitations de la Cour, notre auteur demanda et obtint sa démisssion après avoir resté près de huit ans en Allemagne. Il se rendit à Anvers, pour publier son grand ouvrage latin sur les plantes qui sortit des presses de Plantin en 1583 (3), pendant cet intervalle, les curateurs de l'université de Leyde l'ayant appelé chez

(1) Je possède trois lettres autographes de Dodonée, adressées au président Viglius, où il se plaint de n'avoir pu obtenir cette chaire.

(2) Les lettres de Viglius et celles d'Hopperus, les unes publiées par Hoynck van Papendrecht et les autres par le savant évêque d'Anvers, Corneille François de Nelis, nous apprennent ces faits inconnus aux biographes.

(3) La meilleure édition est celle qui parut après la mort de l'auteur, sous le titre suivant : *Remberti Dodonæi Mechliniensis medici cæsarii stirpium historiæ pemptades sex sive libri XXX. variè ab auctore, paullò ante mortem, aucti et emendati. Antv. apud Balth. et Jo. Moretos.* 1616. in-fol. de 872 pages sans les tables.

eux pour y professer la médecine, il accepta cette place que toutefois il ne put remplir que pendant environ deux ans et demi, étant mort en cette ville le 10 Mars 1585, âgé de près de 67 ans (1).

Dodonée contribua beaucoup à répandre la connoissance des plantes, ses figures sont bonnes, surtout dans ses derniers ouvrages, ses descriptions sont exactes, sans qu'on puisse cependant les comparer à celles de Clusius. Les nombreux ouvrages qu'il publia successivement (2), contribuèrent au progrès de la science, soutinrent le goût et animèrent le zèle de nos botanistes-cultivateurs.

Charles de l'Ecluse, plus connu sous le nom de Clusius, naquit le 18 Février 1524 à Arras, capitale de l'Artois, province réunie alors sous le gouvernement de Charles-Quint aux autres provinces des Pays-Bas: après avoir achevé ses études à Gand, à Louvain et à Montpellier, il parcourut en herborisant, la France, les Pays-Bas, l'Espagne, le Portugal, l'Autriche, la Hongrie et l'Angleterre, l'Empereur Maximilien II. lui confia en 1573 la direction de son jardin, dont il prit soin pendant quatorze ans, tant sous Maximilien II. que sous Rodolphe II. son successeur: mais s'étant dégoûté de la vie de Cour, il se retira en 1587 à Francfort-sur-Mein, où pendant six ans il s'occupa uniquement de la composition et de la revision de ses ouvrages. Clusius fut prié en 1592 par les curateurs de l'université de Leyde

(1) Il est enterré dans l'église de St. Pierre à Leyde, où j'ai lu son épitaphe, adossée au chœur, en 1793 et 1816.

(2) On peut voir la liste presque complète de ses ouvrages dans les *Mémoires de Paquot*, in-8. tom. 15. pag. 1 -- 14. *Haller bibliotheca botanica. Tiguri*, 1771. in-4. tom. 1. pag. 310. *Josephi Banks catalogus bibliothecæ historiæ naturalis.* Londini, 1796. -- 1800. 5 vol. in-8. tom. 3. pag. 54 et suiv.

de venir dans leur ville pour y prendre la direction du jardin, il s'y rendit et donna à cet établissement un nombre considérable de plantes étrangères, et après avoir publié une nouvelle édition de tous ses ouvrages, rédigés dans un nouvel ordre et considérablement augmentés (1), il mourut le 4 Avril 1609, âgé de 83 ans (2).

Clusius rendit de grands services à la botanique, il fit connoître pour la première fois une multitude de plantes dont il donna l'histoire, ses descriptions sont faites avec beaucoup d'exactitude et de précision, son style est clair, simple et coulant et ne manque point d'élégance, ses ouvrages sont classiques et les figures qu'il y a ajoutées, sont très-bonnes pour le tems (3).

---

(1) On trouve la liste de ses ouvrages dans les *Mémoires de Paquot*, in-8. tom. 17. pag. 413 -- 428. *Haller*, *biblioth. botan.* t. 1. pag. 348 -- 350. *J. Banks catal. biblioth. hist. nat.* tom. 1. et 3.

(2) Il est enterré à l'église wallone de Leyde, en face du tombeau de Joseph Scaliger, où M. le professeur Brugmans eut la complaisance de me conduire au mois de Septembre 1793.

(3) On rempliroit des feuilles entières si on vouloit rapporter tous les éloges qu'on a faits de cet excellent homme, je me contenterai d'en citer deux, l'un de Boerhaave, l'autre tiré de la savante histoire de la botanique de M. Sprengel: „ Carolo Clusio, *dit* le premier, haud alius in „ disciplinâ herbariâ clarior, quis verò hominem dederit virtute superiorem?" *Sermo acad. habit.* 1729. pag. 16. „ Carolus Clusius, *dit* le „ second, omnes facilè sui ævi botanicos, cognitione ferè immensâ „ plantarum, judicii acumine, arte describendi, experientiâ et doctrinâ „ superavit....... valetudine adversâ et variis morbis luit immensum „ ardorem in re herbariâ. Brachium et alterum femur fractum, alterum „ luxatum cum fracto malleolo coëgerunt senem, ut baculis se continuò „ sustineret: his accessit hernia cum aliis morbis, qui tamen animum „ summi viri numquàm deprimere neque minuere amorem plantarum „ potuerunt. Harum immensam ferè copiam ex itineribus retulit, in „ naturales quasdam familias digessit, studio summo discrevit novas à „ cognitis, illas dumtaxat ut suas descripsit, non judicii solius acie „ excelluit, sed eruditione etiam non mediocri, cum et veteres et recentiores plerasque linguas calleret. Quibus animi virtutes accesserunt non vulgares, pietas in Deum pariter ac in homines....... tanti

Nous lui avons de grandes obligations pour avoir porté dans notre pays un nombre considérable d'arbres, d'arbustes et de fleurs qui n'y étoient pas connus (1), et sur-tout pour y avoir répandu la connoissance de la Pomme de terre, qui cependant ne fut cultivée en grand que plus d'un siècle après (2).

,, viri scripta monumenta æterna ingenii sunt ac doctrinæ, quibus et ,, tiro et qui ad maturitatem pervenit, etiamnùm carere nequit." *Curtii Sprengel, hist. rei herb. Amst.* 1807. tom. 1. pag. 407. -- 409.

(1) Le nombre d'arbres, d'arbustes et de fleurs que nous devons à Clusius, est très-considérable, je me contenterai d'en indiquer trois à quatre, laissant à ceux qui écriront un jour l'histoire complète de notre agriculture et botanique, ſe soin de les recueillir tous. Les principaux sont sans doute le Maronnier d'Inde, *Æsculus hippocastanum.* L. et le Laurier-cérise, *Prunus lauro-cerasus* L. qui lui furent envoyés de Constantinople en 1576 par l'ambassadeur de l'Empereur à la Cour Ottomane, David Ungnad, *Rar. plant. hist.* pag. 5., le Platane d'Asie, *Platanus orientalis.* L. qu'il cultivoit à Vienne, *Ibid.* pag. 9. L'arbre de vie, *Thuia occidentalis.* L. Cet arbre originaire du Canada, fut envoyé d'abord à François I, Roi de France, et planté dans ses jardins à Fontainebleau, Clusius le trouva aussi chez le chirurgien du Roi, Nicolas Rassiu, et ce fut de lui qu'il l'obtint pour l'envoyer dans la Belgique, où, dit-il, il est actuellement si commun, qu'il n'y a point d'amateur de plantes qui ne le cultive dans son jardin. *Ibid.* pag. 36. Un grand nombre de Liliacées, tel que la Couronne impériale, *Fritillaria imperialis.* L., le Lis de Perse, *Fritillaria persica.* L., des Tulipes et un grand nombre d'autres belles fleurs dont on peut voir la description aux pag. 127 et suiv.

(2) Clusius décrit très-bien la Pomme de terre, *Solanum tuberosum.* L. et en donne deux bonnes figures, dessinées d'après nature, l'une de la plante et des fleurs, et l'autre de la racine et des tubercules, au 4e liv., 52e chap. de ses *rarior. pl. hist.* pag. 79. Il y rapporte comment ces tubercules lui sont parvenus. Comme cet endroit paroît peu connu, et qu'on tombe journellement à cet égard dans de grandes erreurs, je pense qu'on ne sera pas fâché d'en trouver ici la véritable histoire. ,, j'ai reçu, ,, dit Clusius, la première connoissance de cette plante de Philippe de ,, Sivry, seigneur de Walhain et gouverneur de la ville de Mons en ,, Hainaut dans la Belgique, qui m'en envoya deux tubercules avec leur ,, fruit à Vienne en Autriche au commencement de l'an 1588, et l'année ,, suivante, la figure coloriée de la plante et de la fleur. Celui-ci m'avoit ,, écrit l'année précédente de les avoir reçus d'une bonne connoissance ,, (*à familiari*) du Légat du Pape dans la Belgique, sous le nom de

Matthias de Lobel, né à Lille en Flandre en 1638, médecin de Guillaume, Prince d'Orange, et de Jacques I, Roi d'Angleterre, composa différens ouvrages sur les plantes, qui sans avoir le mérite et la profondeur de ceux de Clusius, ne laissent pas d'avoir leur utilité (1). Il avoit parcouru différens pays, et

„ *Taratouffli*...... Les Italiens ignorent d'où cette plante leur est venue; „ mais il est certain qu'ils l'ont reçue ou de l'Espagne ou de l'Amérique. „ Il est cependant surprenant que la connoissance nous en soit parve- „ nue si tard, tandis qu'ils assurent que cette plante est si commune „ dans quelques endroits de l'Italie, qu'on y mange ces tubercules cuits „ avec de la viande de cochon, de la même manière qu'on la mange „ avec des navets ou avec des racines de panais, et qu'ils en nourrissent „ même les porcs; et ce qui est encore plus surprenant, c'est que l'uni- „ versité de Padoue ne connoissoit pas cette plante, avant que je ne „ l'eusse envoyée de Francfort à quelques amis qui y étudioient en „ médecine : mais à présent elle est devenue très-commune à cause de „ sa grande fécondité dans la plupart des jardins de l'Allemagne." (Sous quelle dénomination il faut, à ce qui me paroît, aussi comprendre la Belgique ou la basse Allemagne.)

On voit par cet endroit de Clusius, dont il est impossible de contester la vérité, que c'est à tort que le savant Paquot dans ses *Mémoires, vie de Clusius*, t. 17. in-8., M. Huzard dans une note ajoutée à la nouvelle édition d'*Olivier de Serres*, in-4. tom. 2. pag. 474, et plusieurs autres disent que Clusius avoit reçu la pomme de terre de Gérard, botaniste anglois qui l'avoit cultivée dans ses jardins à Londres, et à qui Drake, de retour de ses voyages, l'avoit donnée en 1586.

On voit dans le *Theatrum fungorum* de François van Sterbeeck, Anv. 1675. in-4. pag 327, que son auteur cultivoit la pomme de terre dans son jardin, plutôt comme une curiosité botanique que pour en faire usage. Plusieurs même croyoient que ce tubercule étoit un poison et ce préjugé a duré assez long-tems. Ce ne fut que vers 1713, pendant la guerre des alliés que nos compatriotes, voyant des soldats anglais manger des pommes de terre, remarquoient que ces tubercules n'avoient rien de nuisible, et commençoient à les cultiver en grand. C'est ce que l'on sait par les enquêtes juridiques qui furent faites en Flandre, lorsque l'abbé de St. Pierre de Gand vouloit contraindre vers 1780 les paysans à lui payer la dîme des pommes de terre. D'après cela, l'auteur du *Tableau statistique du département de la Lys*, (la Flandre occidentale) me paroît avoir trop reculé l'usage de la culture en grand de la pomme de terre dans cette province.

(1) Ses principaux ouvrages sont: *Nova stirpium adversaria*. Londini,

avoit beaucoup profité des nombreuses collections de plantes que l'on cultivoit alors dans les jardins de la Belgique (1). Il exerça la médecine à Anvers, à Delft et ensuite en Angleterre où il mourut en 1616 à Highgate près de Londres, âgé de 78 ans (2).

De Lobel, en parlant de la richesse de nos jardins, n'oublie pas de faire sentir combien les malheurs du tems leur avoient déjà été préjudiciables (3), et ils le furent encore bien davantage, lorsqu'en 1584 et 1585, la plupart de nos villes durent céder à la supériorité des armes de l'Espagne, et aux talens et à la politique d'Alexandre Farnèse, Prince de Parme; c'est alors qu'une grande population abandonna sa terre

---

1570. in-fol. Une édition augmentée. Anvers, 1576. Seconde partie, Londres, 1605. -- *Plantarum, seu stirpium historia.* Antv., 1576. in-fol. -- *Plantarum seu stirpium icones.* Antv. 1581. in-fol. obl. -- *Kruydtboek of beschryvinghe van allerley gewassen, kruyden, heesteren ende gheboomten.* Antwerpen, 1581. in-fol. Tous ces ouvrages sont ornés d'un grand nombre de figures gravées en bois.

(1) Voyez ci-devant pag. 9 et 15.

(2) M. Sprengel en fait un grand éloge et le place immédiatement après Gesner et Clusius : „ iconum, *dit-il*, præstantissimarum tantam co- „ piam edidit, quantam nemo ante eum...... fuit Lobelius vir peregri- „ nationibus, lectione, ingenio, doctorum hominum commercio et am- „ plissimâ plantarum cognitione clarus, uno saltem Gesnero aut Clusio „ secundus." *Hist. rei herbariæ.* Amst., 1807. tom. 1. pag. 398.

(3) L'endroit est remarquable pour l'histoire de notre pays : Non „ possum, *dit-il*, hujusce communis patriæ nostræ calamitates piis la- „ crymis vobiscum seriò non deplorare, quæ detestando atque execra- „ bili hoc bello civili tam miserè atque hostiliter hinc indè dilaceratur, „ ut non tantùm urbes et firmissimas munitiones funditùs dirutas spec- „ temus, multaque hominum millia aquis, ferro, fame et incendio ex- „ tincta, sed etiam mutuis populationibus agricolas passim profligari, „ exterminari, et musarum pieridumque chorum, qui in amœnissima „ hujusce provinciæ viridaria, relictâ Græciâ et tantùm poëtis antiquis „ decantato Helicone, suâ sponte à multis jam annis commigraverat, „ ferè hinc infestissimis armis disturbari. Quos casus tam infelices et „ damna irreparabilia sine summo dolore aspicere nemo vir bonus ac „ pius queat." *Plant. hist.* Antv., 1576. pag. 3.

natale pour se soustraire au joug espagnol, et porta ses arts d'industrie et ses richesses en Hollande, en Angleterre et en d'autres contrées. Le traité de Munster mit le comble à nos maux, et transporta le reste du commerce d'Anvers, déjà depuis quelques années bien languissant, dans le port plus heureux d'Amsterdam, qui devint par-là la première ville commerçante de l'Europe (1).

L'Agriculture, pendant les quinzième et seizième siècles, ne cessa de faire des progrès, plusieurs bruyères furent défrichées, des terres légères et sablonneuses furent mises en culture, et répondirent chaque année aux soins et à l'espérance du cultivateur; cependant malgré cet état florissant de la culture, il est connu que les récoltes annuelles ne suffirent pas alors pour nourrir l'immense population qui remplissoit les villes de la Flandre et du Brabant, et que l'on étoit obligé de faire venir du blé de la Picardie, du Vermandois, de l'Artois et du Cambresis (2).

(1) Nos villes autrefois remplies d'une si grande population, devinrent désertes, et se ressentent encore de cette funeste émigration. C'est alors que les villes des Provinces-Unies s'aggrandirent et s'embellirent successivement, et acquirent des richesses et un dégré de prospérité, inconnus aux autres villes de l'Europe. Plusieurs de nos savans abandonnèrent leur pays natal, pour jouir ailleurs d'une plus grande liberté, et on a remarqué que la plupart des premiers professeurs de l'université de Leyde, étoient nés dans les provinces méridionales des Pays-Bas; en effet, François Gomarus et Bonaventure Vulcanius étoient de Bruges, Jean Polyander ou Vanden Kerckhove étoit d'une famille originaire de Gand, Raphelingius étoit de Lannoi, Dodonée de Malines, Clusius d'Arras, Lipsius des environs de Bruxelles, Baudius de Lille, Drusius d'Audenaerde, Wallæus et Daniël Heinsius de Gand, Bertius de Beveren en Flandre, etc. etc.

(2) Ce fait remarquable est attesté par des auteurs contemporains, indigènes et étrangers : „ Multis in locis, *dit* Meyerus, pascuis Flandria „ ac pratis quam arvo melior est, quo fit ut peregrino necesse habeat uti „ frumento. Hoc vicinæ gentes Veromandui, Atrebates, Ambiani, Ca-

Pendant cet intervalle, quelques habitans des Pays-Bas contribuèrent aussi à l'amélioration de l'Agriculture, du Jardinage et de la Botanique dans les pays étrangers.

Un récollet de Gand porta dans l'Amérique méridionale le premier grain qui y fut semé ; le petit vase qui contenoit cette graine précieuse, y est encore religieusement conservé, et une inscription simple exprime en même tems le bienfait et la reconnoissance des habitans (1).

Une Princesse de ce pays, Isabelle, sœur de Charles-Quint, qui en 1515 avoit épousé Christiern II, Roi de Dannemarc, opéra une révolution avantageuse au jardinage dans les royaumes du Nord ; accoutumée à manger les bons légumes de la Flandre, elle fit venir des Pays-Bas une colonie de jardiniers et de paysans pour cultiver les plantes potagères, et préparer le laitage de la manière qu'on le pratiquoit dans son pays. Cette colonie fut établie vis-à-vis de Copenhague, dans l'île d'Amac qui, d'une lande stérile, dit l'historien Mallet (2), devint en peu de tems ce qu'elle est encore aujourd'hui, un jardin d'un aspect riant et d'un excellent produit. C'est à cette Princesse

---

„ meracensesque affatim suppeditant, ubertate agri longè nobis feli„ ciores." *Rer. Flandr. tom. X.* Brugis, 1531. fol. 39. v.

„ Granorum leguminumque, *dit* Marchantius, omnis ferè generis fer„ tilis : frumentum tamen domesticum sæpè tantæ multitudini non est „ nutriendæ, absque subsidiario externorum." *Flandr. descript.* pag. 14. -- Ceci est encore attesté par un auteur étranger, le célèbre Machiavel : „Les flamands, dit-il, ne recueillent pas assez de vivres chez eux et „ principalement de blé ...... qu'ils tirent de la Picardie et des autres „ provinces françaises. Tom. 5 de ses ouvrages, de la traduction de Giraudet. Paris, an 7. pag. 416.

(1) Voyez les *Voyages de M. Humbolt*, que je ne puis citer d'une manière exacte, n'ayant pas d'exemplaire près de moi.

(2) *Hist. de Dannemarc. Genève*, 1787. tom. 5, pag. 367.

flamande (1) qu'est dû la gloire d'avoir appris aux Danois l'art d'acquérir de nouvelles richesses, et on doit en partie à ces cultivateurs Belges les progrès que le jardinage a faits autour de Copenhague et dans les provinces de Dannemarc (2).

Joseph Goedenhuyse, botaniste flamand, connu en

(1) Cette Princesse qui a donné des légumes et de bons cultivateurs au Dannemarc, mérite bien qu'on dise quelque chose du reste de sa vie. Quoique souvent maltraitée par son mari, elle montra toujours une patience et une douceur angélique. Lorsque le cruel Christiern en 1523 fut privé de son royaume par les états et qu'il abandonna le Dannemarc, la reine Isabelle accompagna son époux et partagea fidèlement tant qu'elle vécut, ses disgraces, et montra dans l'une et l'autre fortune toutes les vertus qui convenoient à son sexe, à son rang et à sa situation malheureuse. Sa douceur, sa soumission, sa patience ne se démentirent jamais, à quelque épreuve qu'elles fussent mises. Les états de Dannemarc lui offrirent des conditions très-avantageuses pour l'engager à rester dans le royaume; mais elle répondit toujours qu'elle aimoit mieux de vivre avec son époux dans l'exil que de regner sans lui. (*Mall. hist. de Dannem.* tom. 5. pag. 567.) Après avoir demeuré pendant deux ans à Lière en Brabant, elle vint à Gand avec son époux et ses enfans, et se transporta le 6 Décembre 1525 à Swynaerde, à la maison de campagne de l'abbé de St. Pierre, où elle mourut le 19 Janvier 1526. Elle fut enterrée dans l'église de l'abbaye de St. Pierre à Gand devant le grand autel; mais lorsque l'église fut rebâtie, son tombeau de marbre fut placé contre le mur de la nouvelle église dans la croix à droite, où je l'ai vu plus d'une fois, surmonté d'une table de bronze, sur laquelle on lisoit les vers latins, faits par Corneille de Sceppere et rapportés par Sanderus, *Flandr. illustr.* 1735. tom. 1. pag. 257. On eut tort de démolir ce monument en 1798, lorsqu'on fit de cette église le muséum des tableaux du Département de l'Escaut; j'étois alors à Paris, et certes si j'avois été à Gand, je n'aurois rien omis pour conserver ce tombeau que les vertus et les malheurs de cette Princesse auroient dû faire respecter.

(2) Ces cultivateurs obtinrent plusieurs privilèges dont leurs descendans jouissent encore, on prétend que ceux-ci conservent avec une espèce de scrupule religieux le costume, les usages et la langue de leurs ancêtres. (*Tableau des états Danois, par J. P. Catteau.* Paris, 1802. tom. 2. pag. 136.) S. Exc. le Ministre Secrétaire-d'état, M. Falck, qui a visité l'île d'Amac, a lu à l'institut royal des arts et sciences, un mémoire intéressant sur ses habitans, mémoire qui paroîtra dans le premier volume de la seconde classe de l'institut.

Italie sous le nom de Casabona et de Benincasa, fut nommé par le Grand-Duc de Toscane Directeur du Jardin botanique de Florence. Il se distingua par ses connoissances botaniques et son zèle pour la culture des plantes étrangères; il voyagea dans l'île de Candie, pour y recueillir des plantes et des graines, et enrichit considérablement le jardin confié à ses soins; il étoit en correspondance avec Clusius et d'autres savans Botanistes de son tems; il mourut en 1595 à un âge très-avancé (1).

L'Angleterre doit aux Pays-Bas un de ses plus anciens botanistes, Jean Tradescant qui avoit un jardin d'une vaste étendue à Lambeth, où il cultivoit un grand nombre de plantes, d'arbres et d'arbustes. On peut encore le regarder comme le premier qui ait rassemblé dans ce royaume tout ce qu'il y a de plus curieux dans l'histoire naturelle, en minéraux, oiseaux, poissons, insectes. Il avoit aussi une bonne collection de médailles de toute espèce, outre un grand nombre d'objets rares et extraordinaires (2).

(1) On trouve des renseignemens sur la vie et les travaux de ce botaniste dans la savante préface de Targioni Tozzetti qui précède le *Catalogus plantarum horti cæsarei Florentini*. Florent. 1748. in-fol. — Le *Carduus casabonnæ* a retenu son nom.

(2) Wood dit que Tradescant étoit de la Flandre ou de la Hollande, sans pouvoir assurer au juste dans quelle des deux Provinces il étoit né. Parkinson nous apprend qu'il avoit voyagé dans la plupart des contrées de l'Europe et dans la Barbarie, et il paroît qu'il avoit visité la Grèce, l'Egypte et d'autres pays de l'Orient. On suppose qu'il avoit recueilli dans ses voyages non seulement des plantes et des semences; mais encore la plus grande partie des curiosités en tout genre, décrites dans le *Museum Tradescantianum*. Lond. 1656. in-8. On ne peut déterminer précisement en quel tems il fixa sa résidence en Angleterre, il est à présumer que ce fut vers la fin du règne d'Elisabeth, ou au commencement de celui de Jacques I, si l'on en juge par son portrait, gravé par

Le goût de la connoissance et de la culture des plantes, par lequel la Flandre et le Brabant s'étoient distingués, passa aussi dans les Provinces septentrionales; l'université de Leyde fondée en 1575, acquit deux ans après un terrain pour y établir un jardin de botanique. Cet établissement reçut dès le commencement un grand nombre de plantes de son premier directeur, Théodore Auger Cluyt, pharmacien et botaniste de cette ville, qui pendant le reste de sa vie n'épargna ni peines, ni dépenses pour en accroître la quantité, Charles de l'Ecluse lui donna, comme nous avons vu, beaucoup de plantes et de graines qu'il avoit recueillies dans ses voyages. Le jardin de Leyde devint bientôt l'entrepôt où l'on cultivoit tous les végétaux rares et précieux que les voyageurs et la compagnie des Indes apportoient en Europe. C'est celui, qui a le plus efficacement contribué au progrès de la botanique et de la culture des plantes étrangères, pendant le cours du dix-septième et le commencement du dix-huitième siècle, par sa richesse et plus encore par les savans professeurs qui y ont successivement enseigné.

Qui en effet ne connoît point les Bontius, les Paew, les Vorstius, les Paul Herman, les Hotton, les Boerhaave, les deux Van Royen et le savant professeur que nous avons le bonheur de compter parmi les membres de notre Société, et qui dans ce moment

---

Hollar avant l'année 1656, dans lequel il est représenté très-avancé en âge.

Guillaume Watson de la société royale de Londres a publié en 1749 dans les *Transactions philosophiques* N° 492, un *Mémoire sur les restes du jardin de J. Tradescant à Lambeth*, et le docteur Ducarel rapporte dans les mêmes *Transactions*, année 1773. tom. 63., les plantes les plus remarquables que les anglois lui doivent, le genre *Tradescantia* a été consacré à sa mémoire.

travaille à un nouvel aggrandissement du beau jardin, confié à ses soins (1) ?

Les jardins publics d'Amsterdam, de Groninghe, d'Utrecht, de Franequer et d'Harderwyk se distinguèrent aussi par leurs nombreuses collections et par les savans professeurs qui en eurent la direction (2).

Les jardins de plusieurs riches particuliers de Hollande ne se rendirent pas moins recommandables par le nombre et la rareté des plantes, que ceux que nous venons de nommer. Parmi ceux-ci brillèrent sur-tout ceux de Simon van Beaumont, secrétaire des États de Hollande, à la Haye, de Beverning célèbre diplomate, à Gouda, de Fagel à Lewenhorst (3), et sur-tout celui de Clifford à Hartecamp, dont Linnée nous a donné une excellente description (4).

L'illustre Boerhaave, le premier médecin de son tems qui enseignoit à la fois la médecine théorique

(1) M. Juste Sebald Brugmans.

(2) Il faudroit remplir un volume entier pour faire l'histoire de ces jardins et de leurs illustres professeurs; parmi ceux-ci les Henri et Abraham Munting, les Caspar et Jean Commelin, les Jean et Nicolas Laurent Burmann, les Wachendorff, De Gorter, Van Geuns et Reinwardt présentent des noms infiniment chers aux amis de la botanique. M. Vrolik professeur au jardin d'Amsterdam et secrétaire de la première classe de l'Institut, a dignement célébré dans un savant discours inaugural les Amsterdamois, qui se sont illustrés par leurs connoissances botaniques.

(3) On peut voir sur ces jardins, *Petri Hottoni*, *Sermo academicus, quo rei berbariæ bistoria et fa ta adumbrantur. Lugd. Bat.*, 1695. *in*-4. François Kiggelaer a publié *Horti Beaumontiani exoticarum plantarum catalogus. Hagæ Comitis*, 1690. in-8. pp. 42. Et Breynius a fait connoître les plantes les plus rares du jardin de Beverning dans l'*Exoticarum aliarumque minus cognitarum plantarum centuria prima. Gedani*, 1678. in-fol. cum fig. et ses deux *Prodomus fasciculi rar. plant. annis* 1679 *et* 1688 *in bortis Hollandiæ observatarum.* Ibid., 1680 et 1689. 2 vol. in-4. fig.

(4) *Hortus Cliffortianus, plantas exbibens, quas in bortis tam vivis, quam siccis, Hartecampi coluit Georgius Clifford.* Amst., 1737. in-fol. c. fig. — J'ai visité les foibles restes de ce beau jardin en 1793, où il n'y avoit plus que quelques faux-acacia et deux à trois vieux tulipiers.

et pratique, la chimie et la botanique à l'université de Leyde, et qui avoit porté les plantes dans le jardin confié à ses soins jusqu'au nombre presque incroyable de six mille (1), aimoit à cultiver les arbres et arbustes de l'Amérique septentrionale dans sa belle campagne près de Leyde (2), et n'épargnoit ni soins, ni dépenses pour en augmenter chaque jour le nombre (3).

Les grands et somptueux ouvrages du jardin de Malabar de Henri van Rheede tot Draakestein, de l'herbier d'Amboine de Rumphius, des plantes d'Afri-

---

(1) Comme on peut le voir dans l'*Index alter plantarum, quæ in horto academico Lugduno-Batavo aluntur, auct. Herm. Boerhaave. Lugd. Bat.*, 1720. in-4. 2 vol. Il faut convenir cependant qu'il y a là beaucoup de variétés que Linnée a réduites ensuite sous un moindre nombre d'espèces.

Boerhaave, en prenant congé le 28 Avril 1729 de ses chaires de chimie et de botanique, parle avec un vrai sentiment de reconnoissance des amateurs et botanistes célèbres qui lui envoyèrent des plantes et des graines pour le jardin de Leyde. On distingue parmi ceux-ci les noms de Guill. et Jacq. Sherard, Miller, Vaillant, Ant. de Jussieu, Marsili, Monti, Pontedera, Tilli, Micheli, Volkamer, Rivinus, Scheuchzer, Cleyn, Breynius, Rumphius, Ruysch et Commelin. Voyez son *Sermo academicus, quem habuit, quùm honestâ missione impetratâ, botanicam et chemicam professionem publicè poneret*, 28 *Aprilis* 1729. Lugd. Bat. 1729. in-4. pag. 16. et suiv.

(2) Cette campagne située sur le canal de Harlem, près du chemin de Warmond, appartient actuellement à M. Van Lyden, arrière petit-fils de Boerhaave et Gouverneur de la Hollande méridionale, et est habitée par M. Van Bommel, membre de la seconde chambre des Etats-généraux. Je l'ai visitée en 1793 et y ai encore trouvé un grand nombre d'arbres d'Amérique, cultivés par Boerhaave, les tulipiers y dépérissoient de vétusté.

(3) Voici l'extrait d'une lettre écrite le 12 Juin 1733 à C. Mortimer, secrétaire de la société royale de Londres, où Boerhaave fait connoître sa passion pour la culture des arbres de l'Amérique: „ Unicum est quo „ animum laxo arte severâ distentum, *arboretum* scilicet, in quo colendo „ et amplificando totus insanio. Si hisce meis nugis velles favere, læta mihi „ sanè pareres gaudia..... possum quippè Americanas frutices et arbores „ præsertim nostro submittere cœlo; quare tantò easdem avidius cupiebam „ plantas." *An account of the life and writings of Herman Boerhaave, by Wm. Burton. London*, 1746. in-8. pag. 217.

que, de Ceylan et des Indes orientales, de Jean et Nicolas Burmann, les plantes rares du jardin d'Amsterdam et les autres ouvrages de Jean et Caspar Commelin (1) ouvrirent pour ainsi dire, aux botanistes la connoissance d'un nouveau monde de plantes qui jusqu'alors leur étoient très-peu connues.

Ajoutons encore que beaucoup de ceux qui vouloient s'initier dans la botanique et connoître les plantes étrangères, se rendirent en Hollande, d'où ils rapportèrent ensuite dans leur pays le goût et la connoissance de la science, des plantes étrangères et souvent des jardiniers pour les cultiver; et si cette brillante lumière qui parut au nord vers le commencement du siècle passé, si Linnée enfin conçut un nouveau système et opéra la réforme de la botanique, c'est aux deux Rudbeck qu'il devoit les élémens de la science, et ces deux botanistes s'étoient formés en Hollande (2), Linnée lui-même alla s'y perfectionner

(1) *Hortus Malabaricus.* Amst. 1678. -- 1703. 12 vol. in-fol. avec 794 planches. --- *Herbarium Amboinense, edidit Jo. Burmannus.* Amst. 1750. 7 vol. in-fol. avec 666 planches. --- *Jo. Burmanni rariorum Africanarum plantarum decades X.* Amst. 1738. in-4. --- *Ejusdem thesaurus Zeylanicus.* Ibid. 1737. in-4. --- *Nic. Laurentii Burmanni flora Indica.* Lugd. Bat. 1768. in-4. --- *Jo.* et *Casp. Commelin, horti medici Amstelodamensis rariorum plantarum descriptio.* Amst. 1697. -- 1701. 2 vol. in-fol. avec 224 planches. --- *Casp. Commelin præludia botanica.* Lugd. Bat. 1703. in-4. avec fig. --- *Ejusdem horti medici Amstelædamensis plantæ rariores.* Ibid. 1706. in-4. fig.

(2) Olaus Rudbeck, le père, qui fonda en 1657 le jardin d'Upsal, avoit demeuré en Hollande et y avoit pris le goût de la botanique. „ Aliquamdiu ergò apud Batavos commoratus, domum rediit, advectâ „ secum ingenti copiâ plantarum exoticarum. *Linnæi, hortus upsaliens.* Upsalæ, 1745. in-4. pag. 7. Son fils Ol. Rudbeck, qui lui succéda dans la chaire botanique à l'université d'Upsal, avoit étudié en Hollande, il prit le degré de Docteur en médecine à Utrecht en 1690, et y publia une savante dissertation : *De fundamentali plantarum notitiâ.* Ultrajecti, 1690. in-4. *Ibid.* pag. 12.

sous la discipline de Boerhaave, et aidé des nombreux trésors qu'il y trouva, il y publia les premières éditions de la plupart de ses ouvrages (1).

Le goût de la botanique qui avoit pris une nouvelle vigueur en Hollande, s'étoit ralenti en Allemagne vers le milieu du dix-septième siècle; l'Empereur François I. voulant ranimer ce goût, destina en 1753 une portion du jardin de Schönbrun à la culture des plantes exotiques; d'après le conseil de Van Zwieten, il fit venir de la Hollande le célèbre Jacquin avec deux fleuristes d'un vrai mérite; l'un de Leyde, nommé Adrien Stech-hoven, dirigea la construction des serres, le second de Delft, nommé Vander Schot, apporta tout ce qu'il avoit pu recueillir dans les jardins

---

(1) Linnée resta pendant quatre ans en Hollande, il y prit ses degrés de médecine au mois de Juin 1735; Boerhaave qui avoit démêlé son génie et qui connoissoit le mauvais état de sa fortune, le recommanda à M. Clifford, qui le fit directeur de son jardin botanique à Hartecamp, et lui donna un ducat par jour; placé ainsi au milieu d'un des plus beaux jardins qu'il y eût alors en Europe, ayant des herbiers et une riche bibliothèque à son service, Linnée s'occupa entièrement de la composition et de la publication de ses ouvrages. Il y publia successivement: *Systema naturæ*. Lugd. Bat. 1735. in-fol. --- *Bibliotheca botanica*. Amst. 1736. in-12. *Musa Cliffortiana florens Hartecampi*. Lugd. Bat. 1736. in-4. --- *Genera plantarum*. Lugd. Bat. 1737. in-8. --- *Corollarium generum plantarum, cui accedit methodus sexualis*. Ibid. 1737. in-8. --- *Viridarium Cliffortianum*. Amst. 1737. in-8. --- *Flora Lapponica*. Amst. 1737. in-8. --- *Critica botanica*. Lugd. Bat. 1737. in-8. --- *Hortus Cliffortianus*. Amst. in-fol. avec fig. *Classes plantarum*. Lugd. Bat. 1738. in-8. --- *Petri Artedi ichtyologia, recognovit et edidit Carolus Linnæus*. Lugd. Bat., 1738. in-8.

Linnée voyagea pendant cet intervalle aux frais de M. Clifford en Angleterre et en France, examina les jardins et les herbiers, se lia d'amitié avec les principaux botanistes et partit pour la Suède vers la fin de 1738.

Un autre botaniste Suédois, le savant professeur Thunberg qui succéda au fils de Linnée dans la chaire de botanique à l'université d'Upsal et qui continue à y professer, a fait le voyage au Cap, à Batavia et au Japon aux frais de la compagnie des Indes orientales des Provinces-Unies, et muni de ses recommandations particulières.

et les pépinières de Hollande : ce qui procura à ce jardin dès la première année une belle collection d'espèces rares et curieuses. Jacquin partit en 1754 avec Vander Schot pour les îles de l'Amérique méridionale, visita la Martinique, la Grenade, Saint-Vincent, Saint-Eustache, Saint-Christophe, la Jamaïque, Cuba, Curaçao, etc. et fit pendant cinq ans de fréquens envois de grandes plantes, d'arbres et d'arbustes au jardin de Schönbrun, qui devint par là un des jardins les plus renommés de l'Europe (1).

Au retour de ce voyage, Jacquin voulant rendre cette collection utile aux progrès de la botanique, la fit connoître en donnant la description et la figure des plantes qu'il vit fleurir pour la première fois dans ce riche établissement. Il fit aussi connoître les plantes indigènes de l'Autriche et publia successivement ce grand nombre de beaux et somptueux ouvrages qui le font considérer à juste titre comme un des premiers et des plus utiles botanistes de notre tems (2).

(1) Dans le même tems ce jardin reçut des envois de différens pays, tandis qu'on y bâtissoit des serres chaudes et des orangeries, et que la grandeur des édifices répondoit à celle des arbres qu'on vouloit y voir fructifier. Joseph II, Léopold et François II continuèrent les travaux et firent entreprendre de nouveaux voyages pour chercher de nouvelles plantes. On y voit des serres de deux cents quarante et de trois cents pieds de longueur sur trente d'élévation. François II fit construire une serre de deux cents trente-cinq pieds de long, uniquement destinée aux plantes du Cap.

Comme les serres de Schönbrun sont les plus vastes de l'Europe, les arbres des tropiques y développent en liberté leurs branches, ils y donnent des fleurs et des fruits. Les palmiers les plus rares, le *Cocos nucifera*, le *Caryota urens*, l'*Elæis guinensis* y croissent avec vigueur; le *Corypha umbraculifera* y étend ses larges feuilles à douze pieds à la ronde et des oiseaux d'Afrique et d'Amérique y voltigent au milieu des arbres de leur pays. Voyez le *Voyage en Hongrie de R. Towson*. tom. 1. chap. 1. et sur-tout le savant *Mémoire de M. Deleuze sur les jardins publics de botanique*, inséré dans les *Annales du muséum d'histoire naturelle.*

(2) Nicolas Joseph Jacquin, professeur de médecine et de botanique

N'oublions pas à cette occasion que les orangeries et serres chaudes, inventées dans la Flandre et le Brabant, furent perfectionnées pour y conserver les plantes de la zone torride, en Hollande (1), et que

à l'université de Vienne, est né à Leyde en 1727. Ce vénérable vieillard, à qui la science doit tant et que les Allemands appellent le Prince de leurs botanistes, âgé de quatre-vingt-dix ans jouit encore, à ce que nous croyons, d'une bonne santé au milieu de ses plantes et entouré d'une réputation justement méritée. „ Botanicorum germanicorum princeps, *dit* M. Sprengel, Nicolaus Josephus Jacquin, Lugduno-Batavus, „ Jussu imperatoris austriaci, ut hortum Schönbrunnensem stirpibus „ Americanis ditaret, quinquennium (1754. -- 1759) in insulis Antillis, „ Curassao et regionibus adjacentibus degit. Licet per duos ferè annos „ adversâ valetudine occuparetur, tot tamen tantosque fructus scientia „ nostra ex hâc habitatione percepit, ut nesciam, cui plura debeat „ augmenta quàm venerabili Jacquino. Sivè enim spectes stirpium per „ eum inventarum ac descriptarum copiam, quæ profectò incredibilis „ est, sive fidem adumbrationum et ἀκρίβειαν quæ à nemine superatur, „ sive acre judicium et doctrinæ maturitatem, quâ præprimis pollet, „ sivè etiam iconum ab ipso curatarum nitorem et veritatem, quâ nec „ optimis exoticis cedit, immortalem omninò Jacquinus meritus est „ gloriam." *Hist. rei herb.* tom. 2. pag. 449.

Voici les ouvrages qu'il a publiés successivement: *Enumeratio systematica plantarum, quas in insulis Caribæis detexit.* Lugd. Bat., 1760. in-8. --- *Selectarum stirpium Americanarum historia.* Vindobonæ, 1763. in-fol. cum fig. 183. -- Editio altera, cum 264 tab. pictis. --- *Observationes botanicæ.* Ibid. 1764. in-fol. cum 100 fig. ab auctore delineatis, 4 vol. --- *Hortus Vindobonensis.* Ibid. 1770. -- 1776. 3 vol. in-fol. cum 400 fig. colorat. --- *Flora Austriaca.* Ibid. 1773. -- 1778. 4 vol. in-fol. cum appendice et 450 fig. color. --- *Icones plantarum rariorum.* Ibid. 1781. -- 1793. 3 vol. in-fol. cum 648 fig. color. --- *Anleitung zur planzenkentniss.* Ibid. 1785. in-8. --- *Collectanea ad botanicam, chemicam et historiam naturalem spectantia.* Ibid. 1786 -- 1796. 4 vol. cum suppl. 106. fig. color. --- *Oxalis, monographia.* Ibid. 1794. in-4. cum 75 fig. color. --- *Hortus Schönbrunnensis.* Ibid. 1798. 4 vol. in-fol. cum fig. color. --- *Stapelia, monographia.* Ibid. 1807. in-fol. cum fig. color.

(1) Les anciens n'ont pas connu les serres chaudes, faites de la manière qu'on les construit actuellement; on remarque seulement que du tems de Tibère on avoit à Rome pour avancer la croissance des concombres, des caisses remplies de terre et posées sur des roues, afin de pouvoir aisément les mettre aux diverses expositions du soleil et les retirer pendant l'hiver, sous des vitrages faits de pierres transparentes.

c'est de là que l'usage s'en est répandu depuis dans les autres parties de l'Europe (1).

L'étude des plantes indigènes n'a pas été négligée dans les Provinces-Unies, J. Commelin (2), Boerhaave (3),

---

Cartilaginei generis, extraque terram est cucumis, mirâ voluptate Tiberio principi expetitus: nullo quippè non die contigit ei, pensiles eorum hortos promoventibus in solem rotis olitoribus; rursusque hybernis diebus intra specularium munimenta revocantibus. Plinii hist. nat. lib. XIX. cap. 5.

Nous avons déjà vu d'après le témoignage de De Lobel, (pag. 9 et 10) qu'au milieu du seizième siècle on étoit parvenu dans la Flandre et le Brabant à conserver toute espèce de plantes contre la rigueur du froid; ceci doit s'entendre, à ce que je crois, des plantes du nord de l'Afrique, de celles du Cap et des climats tempérés de l'Asie et de l'Amérique, que l'on abritoit dans des galeries échauffées par des poêles ou fourneaux, et non pas des plantes des tropiques et de la zone torride qui ont besoin d'une plus grande chaleur; et ce ne fut qu'environ un siècle après, vers 1650, qu'on commença à bâtir en Hollande des serres chaudes, à-peu-près de la même manière qu'on les construit actuellement, en inclinant les vitrages pour augmenter l'intensité de la chaleur et avec des couches de tan, sans qu'elles eussent cependant la perfection où elles sont parvenues depuis. (*Knoop, hovenier-konst*, Leeuwaarden, 1753. in-4. pag. 526.)

(1) Déjà vers 1560, quelques Princes et des hommes riches de l'Allemagne avoient imité cet usage, en construisant dans leurs jardins des espèces de loges avec des planches de bois, et en les échauffant par des fourneaux, pour y conserver pendant l'hiver des arbres et des plantes exotiques; Conrad Gesner avoit vu une loge à Aubsbourg, construite de cette manière. *De hortis Germaniæ*, 1561. fol. 242.

Sébastien Vaillant, savant botaniste et professeur à Paris, fit le premier en France constuire une serre chaude à fourneaux, au jardin du Roi en 1714, „ De la manière, est-il dit, qu'on le faisoit en Hollande „ depuis fort long-tems, pour conserver et faire croître des plantes des „ Indes orientales et des isles chaudes de l'Amérique. Car il n'y avoit „ pas jusqu'alors de place propre au jardin royal pour cultiver les plan„ tes grasses et celles des pays chauds." *Seb. Vaillant, botanicon Parisiense*, 1727. in-fol. dans la préface, feuille ******.

M. Heylen a oublié de parler de cette découverte nationale dans son curieux mémoire, *De inventis Belgarum*, inséré au cinquième volume des *Mémoires de l'académie de Bruxelles*.

(2) *Catalogus plantarum indigenarum Hollandiæ*. Amst. 1683. in-12.

(3) In *indice altero plant. horti Lugd.-Batav.* L. B. 1720. in-4.

Meese (1), D. de Gorter (2), S. J. Van Geuns (3), le baron De Geer (4) et M. Kops (5), ont eu soin de nous les faire connoître.

De bons ouvrages ont été publiés sur le jardinage; Herman Knoop, cultivateur frison de mérite, s'est distingué en publiant des ouvrages utiles à la culture des arbres fruitiers et des légumes (6).

J. Commelin a publié un ouvrage bien fait sur la culture des orangers (7), qui peut être comparé aux meilleurs ouvrages de ce genre, de Ferrari, Van Sterbeeck et Volkamer.

Les fleurs à oignons, telles que les tulipes, les jacintes, ont été cultivées en Hollande avec succès, les jardiniers de Harlem se sont distingués dans cette

(1) *Flora Frisica.* Franeker, 1760. in-8. (2) *Flora Gelro-Zutphanica.* Harderovici, 1745. et un appendix. Ibid. 1757. in-8. --- *Flora Belgica*, avec deux suppléments. Ultrajecti, 1767. 1768. 1777. in-8. --- *Flora VII Provinciarum Belgii fœderati indigena.* Harlemi, 1781. in-8. (3) *Plantarum Belgii confœd. spicilegium.* (4) M. De Geer a donné il y a trois ans un autre supplément et (5) M. Kops publie depuis 1800, les plantes indigènes en fig. coloriées. Amst., chez Sepp, in-4. et in-8., dont il y a déjà un grand nombre de cahiers.

On peut encore ajouter à ces ouvrages : *Caspari Pilleterii, plantarum in Walachriâ Zelandiæ insulâ, nascentium synonymia.* Mediob, 1610. in-8. --- *Index plant. indig. quæ prope Lugdunum nascuntur.* Lugd. Bat. 1633. in-24. --- *Linnæi dissertatio, flora Belgica.* Ups. 1760. in-4. et in *Amœnit. acad.* tom. 6. --- *A. Loosjes, flora Harlemica.* Harl. 1779. in-8.

(6) Tels sont: *De beknopte huishoudelyke hovenier.* Leeuwaarden, 1752. 2 vol. in-8. -- Seconde édit. augm. Haarlingen, 1762. 3 vol. in-8. --- *De beschouwende en werkdadige hovenier.* Leeuw. 1753. in-4. --- *Pomologia, dat is beschryvingen en afbeeldingen van de beste appels en peeren.* Ibid. 1758. in-fol. fig. color. --- *Fructologia, of beschryving der vrugtboomen, die men in de hoven plant en onderhoud.* Ibid. 1763. in-fol. fig. color. --- *Dendrologia, of beschryving der plantagie-gewassen, die men in de tuinen cultiveert.* Ibid. 1763. in-fol.

(7) *Nederlandsche Hesperides, dat is oeffening en gebruik van de limoen- en oranje-boomen, gesteld na den aardt en climaat der Nederlanden.* Amst. 1676. fig. in-fol.

culture et en ont fait l'objet d'un commerce lucratif et étendu.

Les champs et les jardins y sont cultivés avec soin, quelques bruyères ont été défrichées et d'autres ont été semées de pins: mais il en reste un grand nombre qu'il seroit utile de rendre à la culture (1).

La France et l'Europe ont l'obligation de la culture du café aux soins des Hollandois qui de Moka l'ont porté à Batavia, et de Batavia au jardin d'Amsterdam. M. Pancras, bourguemaître de cette ville, en envoya un pied à Paris en 1714, il fut placé au jardin du Roi où il fleurit la même année (2), on le

(1) On est étonné de voir au milieu de la Hollande, pays si industrieux, un grand nombre de terres incultes, sablonneuses à la vérité et d'une mauvaise qualité, mais qu'une industrie bien combinée sauroit rendre à la culture; je ne parle pas des bruyères des environs de Breda et de Bois-le-Duc, mais de celles qui sont situées près des rivières, par exemple celles que l'on voit entre la Meuse et le Waal, et où il seroit si facile de porter les engrais nécessaires. Josua van Iperen a publié à ce sujet un mémoire intéressant: *Sur l'amélioration que les Brabançons et les Flamands ont apportée dans le labourage de leurs terres*, qui se trouve dans le XII. volume des *Mémoires de la Société des Sciences de Harlem.* L'auteur y fait voir qu'il se trouve dans les Provinces-Unies un grand nombre de landes et de dunes qui ne rapportent aucun profit, faute d'avoir essayé à en tirer parti, ainsi que les Brabançons et les Flamands l'ont fait de la plupart de leurs terres incultes, en convertissant leurs terres ingrates et mauvaises en un jardin de délices, et leurs sables arides en un pays d'abondance et de richesse. L'auteur entre à ce sujet dans de grands détails, en remontant à la source de l'erreur dans laquelle ses compatriotes sont par rapport à la fructification du sol âcre et sablonneux; erreur que l'auteur rapporte à trois sources principales : l'attachement à la tradition de leurs pères; la paresse naturelle; et l'avarice qui les empêche de faire de nouvelles tentatives, de crainte de perdre leurs dépenses et leurs peines. Et il faut avouer que les habitans des provinces septentrionales du Royaume auroient peut-être mieux fait d'employer l'excédant de leurs capitaux à défricher leurs bruyères et à améliorer ainsi le sol natal, que de les confier à la compagnie du Mississipi, ou à des Princes étrangers qui oublient ou refusent de payer les intérêts de l'argent qu'ils ont emprunté.

(2) Voyez le mémoire d'Ant. de Jussieu, lu le 4 Mai 1715, et im-

multiplia dans les serres et c'est de là que furent tirés les deux pieds envoyés à la Martinique en 1726, et qui seuls ont produit tous les cafiers cultivés dans les colonies françaises (1).

Il faut l'avouer, pendant les deux derniers siècles la science botanique brilla d'un plus grand éclat dans les provinces septentrionales des Pays-Bas que dans celles du midi : cependant malgré les guerres continuelles dont notre pays fut le théâtre, et la diminution de notre commerce et de nos richesses, le goût de la botanique et l'amour des plantes n'y furent pas entièrement éteints, plusieurs particuliers cultivèrent en secret quelques plantes rares et des fleurs agréables.

Albert et Isabelle, Princes souverains de ce pays, eurent une belle collection d'orangers, dont une partie existe et appartient à notre Roi, ces orangers sont encore actuellement connus sous le nom d'*Isabelles*.

L'illustre évêque de Gand, Antoine Triest, non moins distingué par sa noble bienfaisance, que par son amour pour les arts et la protection qu'il accordoit aux artistes (2), cultivoit dans son jardin appellé le *Belvédère*, situé près des remparts et de l'église d'Ac-

---

primé parmi ceux de l'académie des sciences, dans le volume de 1713. pag. 292.

(1) Raynal, hist. des établ. et du commerce, etc. liv. XVI. chap. 20.

(2) Ant. Triest né au château d'Auweghem près d'Audenaerde, en 1576, d'une noble et ancienne famille de Flandre, fit ses études à Louvain d'une manière très-distinguée, devint évêque de Bruges en 1616 et évêque de Gand en 1622, il prêcha souvent et n'édifia pas moins ses diocésains par l'exemple de ses vertus, il aimoit beaucoup les plantes et les arts; il avoit dans son palais neuf grandes chambres remplies de beaux tableaux, il étoit l'ami de Rubens, de Van Dyck, de Teniers et de tous les artistes de son tems qui firent des tableaux pour son cabinet et qu'il récompensa magnifiquement; Rubens fit pour lui le massacre des innocens et la conversion de St. Paul; Van Dyck et Teniers firent son portrait qui a été gravé, et Jérôme Duquesnoy fit son buste et son mausolée avant sa mort, qu'on voit encore aujourd'hui à l'église de Saint

kerghem, toutes espèces de fleurs et de plantes rares (1), il institua la confrérie de sainte Dorothée à l'église de saint Michel, où les jardiniers et les fleuristes firent chaque année, jusqu'à l'entrée des armées françaises en 1794, une exposition de fleurs le jour de leur patronne.

Le faux-Acacia de l'Amérique septentrionale, si agréable par sa belle verdure, est cultivé dans la Belgique depuis près de deux siècles, celui que l'on voit au jardin botanique de Bruxelles, est un des plus anciens qui se trouvent en Europe (2).

Bavon. En 1640 un incendie ayant brûlé les toits de cette église, il fit refaire à ses dépens toute la charpente du chœur. En mourant en 1657, âgé de 81 ans, il laissa sa bibliothèque aux carmes déchaussés, des sommes considérables d'argent au mont de piété, afin que cette institution pût prêter aux pauvres sans intérêt, d'autres sommes dont les revenus devoient être employés à l'embellissement de l'église, et avec lesquels on a fait faire le grand autel, la chaire de marbre et les embellissemens du chœur. Après sa mort la troisième partie de ses biens fut vendue et distribuée par les exécuteurs testamentaires aux pauvres de Gand. Par une autre fondation on a distribué chaque jour jusqu'à l'invasion des français, trente pains aux pauvres et des chemises tous les mois.

Le célèbre graveur Schelte à Bolswert, en lui dédiant la belle gravure de la conversion de St. Paul, d'après Rubens, faisoit de lui cet éloge qui n'a pas été trouvé exagéré par ses contemporains : *Antonio Triest, doctorum Mæcenati, omnium ingenuarum artium admiratori, laudatori. In ecclesiam profuso, in pauperes benefico, in nobiles benigno, in omnes comi. A cujus manu nullus irremuneratus abiit, nullus mœrens et spe suâ frustratus, cum etiam absentium lacrymas munificentiæ suæ sponsiâ detergere consueverit. Vero apostolicæ doctrinæ et vitæ hæredi.*

(1) „ Non procul ab hâc æde parœciali (Sancti Martini) ad flumen „ Legiam et urbis fossas, loco per æstatem mirè amœno atque jucundo, „ splendidam nuper ædificavit domum, et omnibus elegantiis instruxit „ Rmus Dominus Antonius Triest Gandavensium episcopus. In domo „ imagines ac picturas cernes à præstantibus penicillis, in hortis florum „ herbarumque omne genus, quidquid denique oculos oblectare ac „ mentem, innocuâque imbuere voluptate possit." *Ant. Sanderi, Flandria illustrata. Coloniæ, Corn. ab Egmond.* (Amst. Jo. Blaeu) 1641. tom. I. pag. 129. On y voit la figure du jardin et de la maison.

(2) La plupart des auteurs modernes depuis Linnée, ont dit que le

Guillaume de Blasere, échevin de Gand, cultivoit en 1646 un nombre considérable d'orangers, tant de

faux-Acacia, *Robinia pseudo-acacia* L., fut apporté en France en 1600 ou 1601; c'est une erreur, il n'en est pas parlé dans le catalogue de Jean Robin de 1601, ni dans celui de 1623 et 1624. Cornutus est le premier qui en parle et qui en donne une description et la figure dans son *Plantarum Canadensium historia.* Parisiis, 1635. in-4. pag. 171. „ L'Amérique „ septentrionale, *dit-il*, ne manque pas non plus de cette espèce d'ar- „ bre, qui transporté dans nos jardins, y croît facilement et charme la „ vue par l'élégance de ses fleurs et la belle disposition de ses feuilles." *America septentrionalis nec hujus generis arbore caret, quæ etiam translata in hortos nostros, non infeliciter adolescit: adeò ut intuentes floris elegantiâ, foliorumque ordine concinno plurimùm oblectet.* Ce qui doit faire penser qu'en 1635, on le cultivoit au moins depuis neuf à dix ans: ainsi on peut croire que cet arbre a été porté en France vers 1625. Ce qu'il y a de singulier, c'est qu'on parut croire que cet arbre étoit originaire de l'Afrique. Dans le premier *Catalogue des plantes du jardin royal de Paris, par Guy de la Brosse.* Paris, 1636. in-4. Cet arbre y est connu sous le nom d'*Acacia africana*, dans l'index de Cornutus, sous celui d'*Acacia africana Robini*, quoique dans le texte il soit nommé *Acacia americana Robini.* Dans le catalogue du jardin de Leyde de 1642 et 1658, il est aussi nommé *Acacia africana Robini.* Au reste cet arbre ne paroît pas avoir tiré son nom de *Jean Robin*, comme on le dit communément, mais de son fils *Vespasien Robin*, qui a planté un *Acacia* au jardin du Roi en 1634, année de l'établissement. Ménage, qui l'avoit connu, en parle à l'article *Acacia*, de ses *origines de la langue françoise.* Paris, 1694. in-fol. seconde édition, qui ne parut que deux ans après la mort de l'auteur. „ Le premier Acacia, *dit-il*, qui fût apporté à Paris, fut „ donné à feu M. Robin, célèbre botaniste du Roi, lequel le planta „ dans le jardin royal. Et c'est pour cela que les botanistes appellent „ cette plante *Acacia Robini.* Feu M. Robin m'a souvent montré cet „ *Acacia*, et il me souvient qu'un jour en me le montrant, il me dit „ que dans le tems qu'on l'apporta à Paris, on y porta aussi le premier „ Maronnier d'Inde qui ait été vu en France. Ce Maronnier, pour le „ dire en passant, fut planté dans les jardins du temple, où il est en- „ core présentement."

Si cette anecdote est vraie, il faudroit reculer l'introduction de l'*Acacia* à l'an 1615, à quelle année on prétend qu'un nommé Bachelier apporta le Maronnier en France. Au reste, on voit encore au jardin du Roi à Paris l'*Acacia* qui y a été planté par Vespasien Robin, il se trouve à droite devant le café, il a été étêté à la hauteur de dix pieds; de la tête du tronc sont sortis quatre gros rameaux dont le plus gros a été coupé, les trois autres qui ont été conservés, s'étendent d'une manière assez pitto-

ceux qu'il avoit tirés de l'Italie, que de ceux qu'il avoit gagnés de semence; une orangerie de cent pieds de longueur, les préservoit pendant l'hiver de la rigueur du froid. On fut fort étonné à Rome, d'apprendre que l'on avoit trouvé l'art de cultiver ces beaux arbres dans un climat aussi éloigné du midi (1).

---

resque, je l'ai mesuré le 10 Août 1806, il avoit alors 7 pieds, 5 pouces de circonférence à la hauteur de 5 pieds, l'écorce en est fort raboteuse et inégale.

J'ai rapporté ces faits sur l'introduction d'un arbre que j'aime beaucoup et que je vois toujours avec un nouveau plaisir, parce qu'ils ne me paroissent pas connus de ceux qui en ont traité *ex professo*, sur-tout de M. François de Neufchâteau qui a publié un ouvrage fort intéressant sur l'*Acacia*.

(1) Le père Jean Baptiste Ferrari, jésuite, dans son *Hesperides, sive de malorum aureorum culturâ et usu, libri quatuor*. Romæ, 1646. in-fol. avec un grand nombre de belles figures, dont les meilleures ont été gravées par Corneille Bloemaert, d'Utrecht, alors résidant à Rome, paroît fort surpris qu'on fût parvenu dans la Belgique à cultiver des Orangers et à leur faire porter des fruits. Ses expressions sont singulières et méritent d'être rapportées : „ Galliæ Belgium, *dit-il*, istam non in-„ videt gloriam, ut in glacialis oræ nivali squalore pomis aureis horti „ renideant, et raras quidem ejusmodi felices arbores, adversante „ naturâ, illic educat industria. Ut magis miremur Gulielmum de Bla-„ sere, Hellibusi dominum, inter consulares curas hortensis quoque „ rei consultissimum : quippè qui singulari solertiâ ornatissimis hortis „ suis Gandavensibus inaurandis omne genus malos aureas, ut litteris ad „ me datis testatur, ità comparat ac tuetur. E ligustico tractu arbusculas „ semine satas et inoculatione varias accersit....... (*aliæ*) illic (*Gandæ*) „ semine seri cæptæ, ac frigora tolerari à teneris assuetæ, mutato in „ patriam exilio, prosperè adolescunt et roborascunt : donec sexennes „ aut octennes, insitione feritatem dedoctæ, ad omnis aurei pomi fœ-„ cunditatem mansuescunt. Igitur frigido cœlo innoxium et florem et „ fructum inducunt : sed hîc, nisi anno post florem, non maturescit." Il décrit ensuite leur culture et donne la figure d'une caisse dans laquelle on les tient. Voici comment il décrit l'orangerie : .... „ Mense Octo-„ bri exeunte appertum illæ cœlum Belgicum ultrà non ferunt. Quaprop-„ ter in porticum recipiuntur ad hunc usum extructam, pedes ferè cen-„ tum porrectam et undique occlusam : quæ, seviente acriùs gelu, ap-„ positis utrinque focis, et lithantrace, nempè saxeo carbone Leodiensi „ concalefactis, hypocausti more intepescit. Si quandò etiam per hie-

Deux pharmaciens distingués par leurs connoissances, Pierre Ricart à Lille et Jean Herman à Bruxelles, nous ont laissé un témoignage de leur amour pour la botanique dans les riches catalogues qui ont été publiés des plantes de leurs jardins (1).

Mais celui qui à cette époque se distingua d'une manière particulière par une étude assidue de différentes espèces de plantes et qui conserva pour ainsi dire le feu sacré de la botanique, fut François van Sterbeeck, prêtre d'Anvers (2); né dans cette ville en 1631, il se dévoua dès sa tendre jeunesse au culte de Flore, à l'âge de vingt-quatre ans, il commença à rassembler, à semer et à planter toutes espèces de plantes, d'arbres et d'arbustes tant exotiques qu'indigènes, et n'épargna ni peines, ni dépenses pour compléter sa collection. Il fit une étude de tous les ouvrages des botanistes qu'il put trouver, et assure d'en avoir parcouru plus de trois cents, il étoit en cor-

---

„ mem (quod accidit non raró) aura Belgica mitescat, egelidique afful-
„ geant soles: australibus fenestris ostioque patentibus, in operto con-
„ ceditur apricatio. Sic præstantissimi viri locuples et ingeniosa efficacia
„ duræ indolis arbores, ac delicatæ superbia in Italiæ quondam solo
„ contumaces hospitari, frigidæ plagæ filias planèque Belgicas effecit."
Ibid. pag. 139 et 143.

(1) *Botanotrophium seu hortus medicus Petri Ricarti Pharmacopœi Lillensis celeberrimi, curâ Georgii Wionii artium doctoris ac medici descriptus ac editus. Lillæ Gallo-Flandricæ, typis Simonis le Francq.* 1644. in-8. pag. 56. --- *Recensio plantarum in horto Joannis Hermanni, Pharmacopœi Bruxellensis excultarum.* pag. 64. *Bruxellæ,* 1652. in-4. *cum appendice plantarum anni* 1653. pag. 8. in-4.

Je possède ces deux catalogues, qui sont devenus très rares.

(2) Après avoir achevé son cours d'humanités et celui de la théologie, il fut ordonné prêtre et devint chapelain domestique d'Ambroise Capello, septième évêque d'Anvers, bientôt après il fut nommé chanoine de l'église collégiale d'Hoogstraete, il étoit aussi pourvu d'un autre bénéfice dans la cathédrale d'Anvers et étoit en même tems receveur du béguinage de la même ville.

respondance avec tous les amateurs de plantes de la Flandre et du Brabant (1) et avec les botanistes de la Hollande (2); il fit en 1660 un voyage dans les Provinces-Unies et visita les célèbres jardins de Leyde et d'Amsterdam. Il s'occupa sur-tout de l'étude des champignons et de la culture d'arbres d'orangerie, et

(1) Les principaux amateurs qu'il nomme dans ses ouvrages, sont les suivans: Jean van Buyten, médecin, professeur d'anatomie et de chirurgie à Anvers, grand connaisseur de plantes, qui s'étoit occupé de la botanique à Louvain, à Paris, à Padoue et à Rome. --- Adrien David, apoticaire et droguiste à Anvers, grand connaisseur de plantes. --- Jean Hermans, célèbre pharmacien à Bruxelles, dont il est parlé plus haut. --- Juste de Nobelaer, seigneur de Burst, le plus grand amateur de plantes et de fleurs qu'il y eût alors en Brabant. Ce seigneur communiqua libéralement à Van Sterbeeck ses plantes et ses graines, il avoit dans son jardin à Etten dans le Brabant aux environs de Breda une orangerie de 181 pieds de long, large de 45 pieds et haute de 20 pieds et demi, ayant une grande porte au milieu, deux petites portes aux extrémités et 24 grandes fenêtres. Quatre fourneaux échauffoient cette orangerie pendant l'hiver, la façade et l'intérieur étoient bâtis et décorés de la manière la plus magnifique. --- Alexis Hoefnaegel, grand cultivateur et connoisseur de plantes, d'arbres et de fleurs. Ce vieillard âgé de 83 ans, lui disoit en 1677, qu'il y avoit à peine un siècle que la culture des orangers étoit exercée en grand dans la Belgique. Ces arbres n'y étoient auparavant cultivés qu'en petit nombre par les amateurs, comme on le voit dans la première édition flamande du grand ouvrage de Dodonée, de 1554. pag. 761. --- Guillaume de Blasere à Gand. --- Corneille de Clerck, le chevalier Taxis, Jean-Baptiste Lunden, tous les trois à Anvers. --- Vanden Heuvbel hors de cette ville. --- M. De Gothenies de Bruxelles, évêque de Ruremonde, dont le superbe jardin étoit rempli d'Orangers, de Grenadiers et de fleurs rares. --- Louis Giessens, célèbre cultivateur d'Orangers et de fleurs. --- Le Duc de Bournevil qui eut un jardin célèbre à Bruxelles. Son jardinier y cultivoit des Grenadiers en pleine terre, qui portoient tous les ans des fruits mûrs d'un aussi bon goût que ceux qui nous viennent du Portugal. *Citricultura*, pag. 26 et 193.

(2) Jean Commelin d'Amsterdam, à qui il communiqua toutes ses observations, dont celui-ci se servit dans son *Nederlandsehen Hesperides* cité ci-devant. --- Arnold Syen et Paul Herman, successivement professeurs de botanique à l'université de Leyde. --- Abraham Munting, professeur de botanique à Groeningue. --- Roetaers, secrétaire de la ville d'Amsterdam.

publia deux ouvrages remarquables sur ces différens objets (1). Le savant botaniste anglais, Jean Ray, vint en 1663, voir son jardin, et nous a laissé dans son voyage botanique, l'énumération des plantes les plus rares qu'il y trouva (2). Sterbeeck peignit lui-même avec leurs couleurs naturelles tous les champignons qu'il trouva dans ses excursions botaniques, afin de les avoir continuellement sous les yeux et de pouvoir les comparer (3), il étoit d'une si grande exactitude qu'il fit regraver une seconde fois vingt planches de ses champignons pour en donner une représentation plus fidèle et plus conforme à leur nature (4),

(1) Il fit d'abord un petit traité de six feuilles sur les champignons, qui fut imprimé à la suite d'un ouvrage de cuisine, *Koock-boeck*, fait en Hollande, et réimprimé à Anvers en 1668, ouvrage, dit-il, qu'on m'a faussement attribué ainsi que le *Verstandigen hovenier*, également imprimé en Hollande. Il publia ensuite le *Theatrum fungorum oft het tooneel der Campernoelien, waer by ghevoeght is een cort tractaet van de hinderlyke cruyden van dit landt.* Antw. 1675. in-4. avec 36 gravures. „ Plenum opus, *dit* Haller, in quod recepit *Clusianos* fungos posthu„ mos, non alibi editos, multos tamen suos addidit et descripsit, atque „ depinxit. Non oportet expectare, veras species hic et à varietatibus „ puras reperiri: neque icones semper satisfaciunt, ut ne laminas qui„ dem à tubulis separaverit. *Bibl. botan.* t. 1. p. 580. --- *Citricultura ofte regeering der uytheemsche boomen, Orangen, Citroenen, Limoenen, Granaten, Laurieren, etc.* Antw. 1682. in-4. avec 14 planches. Haller en fait l'éloge comme étant un bon cultivateur d'arbres d'orangerie; il lui reproche néanmoins deux fautes d'histoire d'une ignorance grossière. *Ibid.* pag. 580.

(2) *Travels through the Low-countries, Germany, Italy and France, with curious observations, also, a catalogue of plants, found spontaneously growing in those parts, and their virtues, by John Ray. Second edition.* London, 1738. 2 vol. in-8. fig. tom. 1. pag. 18. La première édition est de Londres, 1673. in-8.

(3) Préface du *Theatr. fung.* pag. 2. Je possède actuellement le recueil des champignons peints d'après nature par Van Sterbeeck, dans un grand volume in-fol., que j'ai acquis l'année passée à la vente des livres de feu M. le professeur Sandifort à Leyde.

(4) *Theatr. fung.* pag. 27.

il mourut dans sa ville natale au milieu de ses plantes en 1693, âgé de 62 ans (1).

Le jardin botanique de Louvain ne fut établi que vers le milieu du dernier siècle par les soins du savant docteur Rega et sous la direction du docteur Sassenus et du professeur Michaux, il contenoit un assez grand nombre de plantes et une belle collection d'arbres et d'arbustes exotiques. Ce jardin depuis la suppression de l'université a été conservé à-peu-près dans le même état, où il se trouvoit auparavant (2).

---

(1) Nous avons deux portraits gravés de Van Sterbeeck, le premier en petit, fait à l'âge de 44 ans, se trouve dans le titre de son *Theatrum fung.* 1675. gravé par E. V. Ordonie, d'après le dessin de A. van Westerhout. Le second est in-fol., gravé par François Ertinger, d'après le tableau de C. E. Biset. Il y est représenté assis en habit de prêtre, le bonet carré sur la tête, le bréviaire à la main, dans une salle ornée de pilastres et d'autres ornemens d'architecture, devant une table couverte d'un tapis, sur laquelle on voit trois livres et un vase contenant une plante en fleur (*Cala ethiopica* L.), on lit au-dessous : A.° MDCLXXXI. ÆTATIS L. R. D. FRANCISCUS VAN STERBEECK. PBR.

„ Hâc facie Sterbeeck dignoscitur : et simul illâ
„ Clusium et Hermetem, Vitruviumque vides.
dat D. C. C. E. Biset.

Ces vers nous apprennent que Van Sterbeeck étoit versé dans la botanique, la chimie et l'architecture. La vie de Van Sterbeeck ne se trouvant, à ce que je sache, dans aucun ouvrage imprimé, j'ai cru devoir m'étendre un peu à son sujet. J'en ai puisé les matériaux dans ses ouvrages et dans les *Scriptores Antverpienses*, manuscrit en 4 vol. in-fol. de Silvestre van Ey, prêtre d'Anvers, qui a publié des observations sur l'écriture sainte, en latin, 3 vol. in-12.; ce manuscrit avoit appartenu à J. B. Verdussen, échevin d'Anvers, marqué dans le catalogue de sa bibliothèque 1776, pag. 342, qui a ajouté plusieurs additions à cet ouvrage, lequel après avoir été pendant 21 ans à la bibliothèque nationale à Paris, a été rendu en 1815 à la bibliothèque publique de Bruxelles, d'où les commissaires de la convention l'avoient enlevé en 1794.

(2) On ne sait pas au juste quelle année ce jardin fut établi. Il paroît qu'il y avoit déjà depuis long-tems une leçon de botanique, sans qu'il y eût un jardin de plantes. Foppens dans son supplément manuscrit de la *Bibliotheca belgica* que je possède, dit à l'article du docteur Rega,

Le Prince Charles de Lorraine, Gouverneur-général des Pays-Bas sous le règne de l'Impératrice Marie-Thérèse, protecteur des arts et sciences, qui avoit une belle bibliothèque, un cabinet de médailles et d'histoire naturelle, une riche collection de tableaux, d'estampes et de curiosités, aimoit aussi beaucoup la botanique. Il cultivoit dans ses serres une collection choisie de plantes exotiques, et dans les parcs de Tervueren et de Marimont quelques arbres étrangers (1).

Marie-Christine, sœur de l'Empereur Joseph II, et le Prince Albert de Saxe-Teschen qui succédèrent au Prince Charles dans le gouvernement-général des Pays-Bas, établirent une magnifique orangerie et de belles serres chaudes dans leur château de Laeken, et y cultivèrent toutes espèces de plantes rares et curieuses.

---

mort en 1754, que c'est à ses soins que l'on doit l'établissement du jardin botanique de Louvain. On en peut faire remonter le commencement à l'an 1744, car on trouve dans les *Mémoires de Paquot*, tom. VI, pag. 324, que le docteur en médecine Narez, laissa en mourant le 6 Décembre 1744, une rente de 60 francs pour l'entretien de ce jardin, et que le docteur André Dominique Sassenus, mort à Louvain le 20 Juillet 1756, âgé de 86 ans, professeur de chimie et pendant deux ans (en 1717 et 1718), professeur de botanique, avoit donné sous de certaines conditions toutes ses plantes, tant exotiques qu'indigènes, au jardin botanique dont il prit la direction en 1744. Peu de tems après, Jean Joseph Michaux, né à Gosselies en 1717, licencié en médecine, devint professeur de botanique et directeur du jardin de plantes. Ce jardin s'enrichit sous lui d'un grand nombre de végétaux. M. Michaux n'étoit cependant qu'un très-foible botaniste et ne donna qu'une leçon très-médiocre; il mourut le 23 Avril 1793, âgé de 76 ans.

(1) Le Prince Charles désirant d'introduire dans le pays la culture des vers à soie, avoit fait faire dans son parc de Tervueren près de Bruxelles, des plantations de Muriers blancs, et y fit élever des vers à soie. Il avoit établi au parc de Bruxelles une pépinière de ces arbres sous la direction de M. De Rameau de la Motte, lieutenant-colonel au service de l'Autriche, qui en avoit fait une étude particulière. Tout habitant de la Belgique en reçevoit gratis autant de pieds qu'il en désiroit.

Les abbayes et les couvens avoient presque tous des collections d'Orangers, de Lauriers et de Myrtes, l'abbaye d'Eenaeme près d'Audenaerde les surpassoit par une belle collection d'arbres étrangers (1).

(1) Outre une belle collection d'Orangers, de Lauriers, de Grenadiers et de Myrtes, on trouva dans cette abbaye, lors de sa suppression en 1797, deux grands *Magnolia grandiflora*, un grand Dattier, *Phœnix dactylifera*. L., un grand *Pistacia lentiscus*, un grand Olivier, *Olea europea*. L., trois grands Palmiers, savoir: deux *Chamærops humilis* et un *Borassus flabelliformis*. L. Tous ces arbres furent transportés la même année au jardin botanique de Gand. Les deux Chamærops avoient été donnés à cette abbaye en 1599 par Albert et Isabelle, Souverains des Pays-Bas, ils périrent de vétusté l'un en 1801, et l'autre à la fin de 1815. Notre bon Roi, en honorant le jardin de sa présence au mois de Septembre de la même année, vit ce dernier Chamærops peu de tems avant sa mort. S. M. voulant réparer cette perte, fit acheter au mois d'Avril de l'année suivante à la vente de M. l'abbé Verdonck à Gand, trois Palmiers de la même espèce, et en fit présent à la Société d'Agriculture et de Botanique pour les mettre au jardin. Les Directeurs reconnaissans ont fait placer sur la caisse du plus grand de ces arbres, l'inscription suivante :

QUAE
EX FAMILIA PALMARUM,
CHAMÆROPS HUMILIS,
AB ALBERTO ET ISABELLA,
ABBATIAE EENAMENSI,
ANNO MDLXXXXIX, DATA FUERAT,
IN HORTO GANDAVENSI,
ANNO MDCCCXV, VIVERE DESIIT.
HUIC
DONANTE WILHELMO I. BELGARUM REGE,
SUCCESSIT ALTERA,
QUA OPTUMORUM PRINCIPUM,
PRINCEPS ET IPSE OPTUMUS,
MEMORIAM HONORAVIT.
EX HORTI CURATORUM DECRETO
ANNO MDCCCXVI INSCRIPTUM.

Et sur les deux petits :

CHAMÆROPS HUMILIS
MUNIFICENTIA
WILHELMI I, BELGARUM REGIS,
SCIENTIAE BOTANICES PATRONI.
EX HORTI CURATORUM DECRETO
ANNO MDCCCXVI.

Un religieux de l'abbaye de St Pierre de Gand, H. J. B. Reyntkens, publia en 1675, un traité sur la culture des fleurs et arbres d'ornemens (1).

Le goût des jardins anglais dans la deuxième moitié du siècle dernier, rendit bientôt commun celui des arbres et arbustes exotiques; le père de M. le Duc d'Arenberg en fit de nombreuses plantations dans son parc d'Enghien et à sa campagne d'Héverlé près de Louvain : M. Walkiers de Tronchiennes à Schaerbeek, M. Walkiers-Gamarache à Trois-Fontaines, le Duc d'Ursel à Heyne, le Comte de Neny chef-président du conseil privé à Bruxelles, M. De Respany et M. De Servais à Malines, M. le secrétaire Gobert et l'avocat De Geyter à Gand, M. Hopsomere à Wetteren, le Prince de Lobkowitz, évêque de Gand, à Loochristi, M. le Baron Baut de Rasmont, à Waneghem, cultivèrent une foule d'espèces d'arbres et d'arbustes auparavant peu connus dans nos provinces.

Mais celui qui se livra avec le plus d'ardeur à la culture et à la propagation des arbres étrangers, celui qui contribua le plus par son exemple et ses ouvrages à en répandre le goût et les connoissances, fut le Baron de Poederlé.

Eugène-Joseph-Charles-Gilain-Hubert d'Olmen, Baron de Poederlé, né à Bruxelles le 20 Septembre 1742, eut dès sa jeunesse un goût particulier pour l'agriculture, lut un grand nombre d'ouvrages qui traitent de cet art, s'appliqua à la culture des arbres exotiques et indigènes, ne dédaigna pas de consulter les ouvriers nés dans les forêts, dont il tira souvent d'utiles

---

(1) *Den zorghvuldigen hovenier ende de oprechte practycke, ende gront vande wetenschap om blommen te zaeyen, planten ende gouverneren naer de konste van hofbauwinghe. --- Het tweede boek, genaemt de nieuwe practyke om alle boomen te zaeyen en gouverneren.* Ghendt, Baudoyn Manilius, 1676. in-8. pp. 240.

instructions, parcourut les Pays-Bas, la France et l'Angleterre pour examiner les plantations d'arbres étrangers qu'on étoit parvenu à y acclimater, vit le professeur Gouan à Montpellier, Duhamel du Monceau à Denainvilliers, d'Aubenton à Montbart, Bernard de Jussieu à Paris, Miller et M. Banks (1) à Londres, et continua à entretenir avec eux une correspondance suivie sur l'objet de ses études. De retour à Bruxelles, il se livra de plus en plus à son goût chéri, et donna en 1772 le résultat de ses recherches et de son expérience dans son *Manuel de l'arboriste et du forestier belgiques*, ouvrage augmenté d'un supplément en 1779, et qu'il fit reparoître avec des augmentations en 1788 et 1792, en 2 vol. in-8. à la demande des sociétés d'agriculture de Paris et de Londres, M. Poederlé leur communiqua différens mémoires sur la manière de cultiver les terres dans la Flandre et le Brabant (2). Après

---

(1) Etant à Londres en 1771 avec feu M. le Duc d'Arenberg, il vit chez MM. Banks et Solander qui venoient d'arriver de leur grand voyage autour de la terre, des Muriers à papier de l'île d'Otaïti dans la mer du sud, que les habitans appellent *Aouta*, et dont ils font avec l'écorce de ses branches la plus belle et la plus blanche de leurs étoffes. *supplém.* 1779. pag. 109.

(2) *Mémoires sur différentes manières de cultiver les terres dans quelques parties de la Flandre, du Brabant et du Hainault.* Dans les mémoires d'agric. de la soc. R. de Paris, trimestre d'été, 1788. pag. 32 -- 44. --- *Observations sur l'élagage* (des arbres en pyramide) *adopté dans plusieurs cantons de quelques-unes des provinces belgiques.* Ibid. trimestre de printems, 1789. pag. 35 -- 37. --- *Observations sur l'effet qu'a produit le froid rigoureux de 1788 à 1789 sur les végétaux en général et spécialement sur les arbres indigènes et exotiques.* Ibid. trimestre d'hiver, 1791. pag. 28 -- 37. --- Réponses de l'abbé Mann et du baron de Poederlé aux questions faites par sir John Sinclair sur l'état général de l'agriculture dans les Pays-Bas, dans les *Communications to the board of agriculture; on subjects relative to the husbandry, and internal improvement of the country.* tom. 1. *the second edition.* London, 1804. in-4. pag. 221 -- 256. Le bureau d'agriculture de Londres a été établi le 23 Août 1793, le VII tome a paru en 1813.

la révolution il se retira à sa campagne à Saintes en Hainaut, Commune dont il étoit Maire, et continua à y soigner ses plantations, il mourut subitement d'un coup de sang le 17 Août 1813, âgé de 71 ans, il étoit membre de notre société d'agriculture et de botanique, ainsi que de celles de Paris et de Londres. Bon, honnête, affable envers tout le monde, M. de Poederlé a laissé des regrets à tous ceux qui ont eu le bonheur de le connoître. Sa mémoire sera toujours chère, sur-tout à ceux qui comme vous, Messieurs, s'occupent de la culture et de la propagation des arbres exotiques (1).

Vers la fin de 1796, le Gouvernement de la République Française voulut organiser les écoles centrales dans les départemens de la Belgique, réunis à la France ; nommé par l'Administration départementale de l'Escaut, membre du Jury d'instruction et des arts (2), notre premier soin fut de choisir un local

---

Les observations sur l'effet de l'hiver rigoureux 1788, rapportées ci-dessus, se trouvent aussi dans les *Mémoires sur les grandes gelées et leurs effets, par l'abbé Mann.* Gand, P. F. de Goesin-Verhaeghe, 1792. in-8. pag. 125. -- 133.

Presque toutes les observations météorologiques que l'on trouve dans les cinq volumes des *Mémoires de l'académie de Bruxelles*, sont de M. de Poederlé, et il continua jusqu'à la fin de sa vie à faire ces observations.

(1) Dès son vivant on désira de placer son buste au jardin botanique de Gand parmi les botanistes et cultivateurs célèbres de la Belgique. Lui ayant écrit à ce sujet, pour lui demander son portrait, il me répondit avec sa modestie ordinaire : „ Je suis bien flatté, Monsieur, de „ l'opinion que vous avez de mes foibles connoissances dans cette par„ tie; mais je n'ai point assez d'amour propre pour m'en croire digne, „ ne me sachez pas mauvais gré du refus que j'ai l'honneur de vous en „ faire." Après sa mort j'ai fait exécuter son buste par M. Godecharle d'après un portrait que Madame de Poederlé a bien voulu me confier, et ce buste est depuis trois ans placé au jardin de Gand avec ceux de Dodonée, Clusius, Van Sterbeek, etc.

(2) Ce jury étoit composé de MM. le médecin Wauters, Louis van den Hecke, Papejans, P. De Loose, P. C. Lammens, P. F. de Goesin, Vervier, J. de Meyer, B. Coppens et Ch. Van Hulthem.

propre à y faire cet établissement; mes Collègues et moi, nous choisîmes, d'après l'autorisation qui nous en avoit été donnée, l'Abbaye supprimée de Baudeloo, sur-tout à cause de la beauté et de l'étendue de son jardin; ce choix approuvé par l'Administration départementale, fut confirmé par le Gouvernement, et dès l'année suivante, M. Bernard Coppens étant nommé professeur d'histoire naturelle, commença à faire planter la partie de l'école, c'est-à-dire celle où les plantes sont distribuées en 24 classes, conformément au systême de Linnée. Tous les amateurs s'empressèrent à apporter leurs plantes à un si utile établissement, l'administration du jardin de Paris envoya quelques végétaux et des semences, et M. P. C. Lammens, aujourd'hui secrétaire des hospices, en passant par Florence, obtint de la direction du jardin botanique de cette ville, une belle collection de graines, qui en y ajoutant les orangers de Baudeloo et d'Eename, et quelques grands végétaux trouvés dans cette dernière abbaye, firent le premier fonds du jardin.

M. Coppens fit bâtir en 1800 l'orangerie et les serres chaudes, qui agrandies ensuite et rebâties en partie, forment actuellement ce vaste réceptacle des plantes de la zone torride et de la zone temperée.

Ces travaux étoient à peine achevés, que le jardin eut le malheur de perdre son premier professeur qui avoit été si utile à la naissance de cet établissement (1).

Deux ans après, l'école centrale étant supprimée, le jardin fut cédé à la ville; M. Dellafaille alors Maire de Gand, nomma une direction de trois membres (2), qui travailla avec soin à tout ce qui put contribuer à l'embellissement de cet établissement.

---

(1) Il mourut le 9 Messidor an IX. (1801) n'étant âgé que de 45 ans.

(2) MM. Baut, Jacq. vande Woestyne et Ch. Dierickx.

Me trouvant alors à Paris, j'eus aussi le bonheur d'être de quelque utilité au jardin, tous mes soins tendoient à lui procurer les végétaux qu'il ne possédoit pas encore. A cet effet je visitois souvent le jardin des plantes, le plus grand et le plus riche établissement en ce genre de l'Europe, j'y fis la connoissance de ses savans professeurs, MM. André Thouin, Desfontaines et de Jussieu, je dus à l'amitié du premier un grand nombre de plantes pour la serre chaude, des graines de toutes espèces et une collection de six cents espèces ou variétés d'arbres fruitiers, recueillis pendant plus de trente ans avec des soins infinis de toutes les parties de la terre. Je fis la connoissance de tous les amateurs, je parcourus tous les environs de la capitale: l'Impératrice Joséphine eut la bonté de me donner les plantes les plus rares de sa belle collection de Malmaison; madame Lemonnier qui possède la riche collection de plantes, d'arbres et d'arbustes, formée à Montreuil près de Versailles par son oncle, le célèbre Lemonnier, premier médecin de Louis XV et de Louis XVI, me donna des plantes rares et un nombre considérable de graines des Indes orientales, du Cap de Bonne Espérance et de la nouvelle Hollande qu'elle recevoit chaque année de l'Angleterre; M. Michaux qui avoit déjà fait deux voyages dans l'Amérique septentrionale, pour recueillir les graines des arbres de ce pays, m'en remit une caisse considérable dont les graines furent partagées entre les amateurs et quelques botanistes-cultivateurs de Gand; M. Bosc, directeur des pépinières de Versailles, me donna une belle collection de graines de l'île de Corse, et sur-tout du Pin Laricio; M. le conseiller-d'état l'Escalier qui avoit été préfet-maritime de la Martinique et de la Guadeloupe, eut la complaisance de me donner une partie des graines qu'il avoit apportées de ces îles; le Ministre de l'Intérieur me fit donner deux individus de tous les végétaux qui se cultivoient à la pépinière impériale du Roule. M. le Prince de Salm-Dyck, alors membre du corps législatif eut la bonté de partager avec moi une collection de graines qu'il avoit reçues de l'Amérique méridionale; ce grand et savant amateur a bien voulu depuis, à ma demande, envoyer au jardin une riche collection de deux cents quatorze espèces de plantes grasses, dont au moins les trois quarts manquoient encore à notre établissement (1).

J'obtins en même tems une belle collection de graines du jardin de Montpellier; j'achetois chez les pépiniéristes tout ce que je ne trouvois pas dans les jardins des amateurs (2). Toutes ces plantes et ces

(1) M. le Prince de Salm-Dyck possède à Dyck près de Neuss à 5 lieues de Cologne toutes espèces de plantes et cultive avec un soin particulier la famille nombreuse des plantes grasses, dont il se propose de donner une monographie complète. Personne n'en a formé une collection aussi nombreuse, personne ne les a mieux étudiées et ne les connoît mieux. L'ouvrage que M. de Salm-Dyck prépare, ne laissera rien à désirer. Ce Prince vient d'en donner un échantillon dans le *Catalogue raisonné des espèces et variétés, décrites par MM. Willdenow, Haworth, Decandolle et Jacquin, et de celles non décrites, existantes dans les jardins de l'Allemagne, de la France et du Royaume des Pays-Bas.* Dyck, 11 Mars 1817. in-8.

(2) Je dois sur-tout me louer de M. Noisette, pépiniériste, rue du faubourg Saint-Jacques, botaniste-cultivateur très-instruit et très-zélé, de qui j'ai acheté un nombre considérable de belles plantes à un prix très-raisonnable. On trouve chez lui des collections nombreuses d'arbres et d'arbustes, fruitiers, forestiers et d'agrément, et une quantité considérable de plantes de tous les pays qu'il propage dans des serres fort étendues de son établissement.

La classification que M. Noisette a introduite dans ses pépinières, leur bonne tenue, les modes de culture et de naturalisation qu'il a étendus et perfectionnés; enfin le zèle de cet estimable cultivateur pour tout ce qui peut contribuer au progrès de son art, ont déterminé la société royale d'agriculture de Paris dans sa séance publique du 28 Avril 1816, à lui accorder une médaille d'or.

graines furent successivement expédiées, parvinrent exactement au jardin (1) et furent confiées aux soins de notre habile et savant jardinier, M. Mussche (2).

---

(1) Parmi un nombre très-considérable de plantes que j'ai procurées au jardin de Gand, qui n'étoient pas encore connues dans notre pays et qui à présent commencent à s'y multiplier, je dois compter sur-tout l'*Aesculus macrostachya*, joli arbrisseau que Michaux, le père, a trouvé dans l'Amérique septentrionale; *Mespilus japonica* et *Celtis orientalis* de la Chine, deux arbres qui ont été envoyés par un vaisseau de Canton en 1784; *Thuya articulata*, joli arbrisseau toujours vert de la Barbarie, c'est le véritable *Thuya* de Théophraste; *Populus grandidentata; Mimosa lophantha*, bel arbre de la nouvelle Hollande; *Dahlia purpurea*, *D. rosea*, *D. coccinea*, belles plantes du Mexique que M. Thouin avoit reçues de l'abbé Cavanilles, directeur du jardin botanique de Madrid, et qui font à présent l'ornement de nos jardins; *Virgilia lutea*, arbuste trouvé par M. Michaux, le fils, dans l'Amérique septentrionale; *Prunus prostrata* du mont Liban; *Magnolia auriculata* que Michaux, le père, avoit trouvé sur les hautes montagnes de la Caroline; les *Eucalyptus*, *Casuarina*, *Banksia*, *Hakea*, et une grande quantité de plantes de la nouvelle Hollande; *Diospiros kaki*, *Fontanesia phillyræoïdes*, *Croton sebiferum* ou l'arbre à suif; *Aesculus ohiotensis*, trouvé en 1808 près de l'Ohio, dans l'Amérique septentrionale par Michaux, le fils; *Pandanus odoratissimus; Dracœna cernua; Echium giganteum; Plumeria alba; Hedysarum girans*; *Amaryllis equestris* et *Amaryllis atamasco*, etc. etc. parmi le grand nombre de plantes grasses que j'ai reçues de M. le Prince de Salm, on distingue sur-tout le *Cactus alatus* et le *Cactus speciosus*, tous les deux du Pérou, et distingués par la grande beauté de leurs fleurs. Ils étoient arrivés depuis peu d'années au jardin de Madrid, lorsque M. De Salm-Dyck, fut envoyé comme député du corps législatif pour complimenter le Roi Joseph-Napoléon, il en reçut des échantillons, et c'est de-là que viennent ceux que nous cultivons dans notre jardin. Le premier qui commence à se multiplier, a donné des fleurs dès l'an 1814, et le second a fleuri pour la première fois au mois de Juin dernier. Ce sont deux très-belles acquisitions.

(2) Jean-Henri Mussche, jardinier en chef du jardin de Gand et membre de la société royale d'agriculture et de botanique, est né dans cette ville en 1765, d'une famille respectable de jardiniers; doué d'un excellent esprit, d'une mémoire de fer et d'un jugement sûr, il s'est formé lui-même au milieu de ses occupations journalières, a acquis une grande connoissance des plantes et de leur culture, entend très-bien le latin botanique et sait par cœur son Linnée et son Willdenow; il connoît d'une manière critique les genres et les espèces des plantes et joint à toutes ces connoissances une rare modestie; il est l'oracle de tous les

Ce seroit une ingratitude de ma part, si je ne saisissois pas cette occasion pour exprimer ma reconnoissance pour la bienveillance et la constante protection que les Administrateurs de la Province ont accordées à cet établissement, et sur-tout à MM. Faipoult et d'Houdetot, Préfets du Département sous le Gouvernement français, et à M. le chevalier De Coninck, ci-devant Gouverneur de la Flandre-orientale et actuellement Ministre de l'intérieur. Les connoissances étendues, le zèle connu et l'amour pour tout ce qu'il y a de bon et d'utile, de son successeur, M. le baron De Keverberg de Kessel, nous sont un sûr garant, qu'il n'accordera pas une protection moins efficace au jardin. Déjà cet administrateur a voulu faire précéder son arrivée par un premier bienfait, en envoyant à cet établissement un grand nombre de graines provenant du Brésil (1). Il est impossible

---

jardiniers des environs qui viennent le consulter et qui l'appellent leur père. Le Roi voulant récompenser son mérite, l'a nommé frère de l'ordre royal du Lion Belgique.

M. Mussche a fourni les matériaux pour la publication du premier catalogue du jardin qui a paru sous le titre de: *Hortus Gandavensis centrali academiæ annexus, juxta Linnæi methodum dispositus à L. P. Couret-Villeneuve, universæ grammatices in centrali Gandensi academiâ professore.* Gandavi, an X. (1802). in-8. pp. 380. --- Il a publié lui-même le: *Catalogue des plantes du jardin botanique de la ville de Gand.* Gand, P. F. de Goesin-Verhaeghe, 1810. in-8. pp. 49. avec un supplément de 1811. pp. 4. --- Et tout récemment: *Hortus Gandavensis, ou tableau général de toutes les plantes exotiques et indigènes, cultivées dans le jardin botanique de la ville de Gand, avec l'indication des lieux où elles croissent spontanément, de leur durée et qualité, et des lieux de leur conservation, ou manière abrégée de les cultiver; rédigé selon le système de Linnée.* Gand, Ibid. Juin 1817. in-12. pp. 164. avec 1 planche.

(1) Ces graines, enfermées en 271 petits paquets, ont été recueillies dans les provinces de Rio de Janeiro, de Paraiba et de Spirito Santo au Brésil, par le Prince Maximilien de Neuwied qui depuis deux ans voyage dans ces contrées. L'habile botaniste Simonis qui accompagne le Prince, a déjà envoyé dans sa patrie un herbier de plus de mille plantes bien conservées et beaucoup d'autres objets d'histoire naturelle: quoique les

de mieux commencer, nous prions ce Magistrat d'en agréer l'assurance de toute notre reconnoissance (1).

Le Conseil Municipal pourvoit libéralement chaque année à l'entretien et aux besoins du jardin, depuis qu'il a cessé d'être un établissement départemental et qu'il est devenu une propriété de la ville. C'est en 1808 sous la Mairie de M. le comte Dellafaille que l'orangerie et les serres chaudes ont été agrandies, et en 1813 sous celle de M. Vanderhaegen que les anciennes ont été rebâties.

Qu'il me soit aussi permis d'exprimer ma reconnoissance aux autres bienfaiteurs du jardin, à la tête desquels nous aimons à placer S. M. notre Roi bien aimé; les Ministres plénipotentiaires des États-Unis de l'Amérique au congrès de pacification de Gand; S. Exc. M. le baron Vande Capelle, Gouverneur-général des Indes orientales, qui à son passage au Cap de Bonne Espérance, se souvenant du jardin qu'il avoit visité peu de mois auparavant, s'empressa à nous faire parvenir une belle collection de graines des plantes de cette extrémité de l'Afrique, et qui dans ce moment fait recueillir pour la même destination les nombreux végétaux de Java et des Moluques (2).

graines des tropiques perdent facilement leur propriété germinative, il est probable néanmoins que parmi celles qui leveront, il y aura plusieurs plantes inconnues qui récompenseront abondamment les soins de la culture; et quand on pense aux difficultés que présente un voyage dans les contrées du Brésil dont plusieurs provinces ne sont encore habitées que par des anthropophages, à la chaleur brûlante du climat, aux privations sans nombre qu'on éprouve même pour les premiers besoins, on ne peut se refuser à vouer un sentiment de reconnoissance à ceux qui font ces laborieuses entreprises pour le progrès de l'histoire naturelle.

(1) M. le baron De Keverberg de Kessel, ci-devant Gouverneur de la Province d'Anvers, où il a encouragé les beaux arts de la manière la plus efficace, a pris possession du Gouvernement de la Province de la Flandre orientale le 25 Juin 1817; dès le jour de son arrivée, sa première visite a été au jardin botanique de Gand.

(2) Trois à quatre heures après que ce discours fût prononcé, les

Que tous nos compatriotes (1) qui par des dons multipliés n'ont cessé d'augmenter nos collections, reçoivent ici également l'expression de notre gratitude.

Ce jardin dont la ville peut s'enorgueillir comme d'un de ses plus utiles établissemens, devenu en peu d'années un des plus beaux et plus riches de ceux qui se trouvent dans les provinces des Pays-Bas, offre une promenade agréable aux habitans de cette ville, une source inépuisable d'étude et d'instruction, et présente un nouveau monument, élevé aux progrès

---

Directeurs du jardin botanique reçurent la lettre suivante de S. Exc. le Gouverneur-général des Indes orientales:

Batavia le 8 Février 1817.

Messieurs,

„ J'ai l'honneur de vous envoyer par le vaisseau Elisabeth-Joanna, ca-„ pitaine Lucas, faisant voile pour Rotterdam, quelques plantes indigènes „ de l'île de Java, dont la liste se trouve sous ce pli. J'espère que ce petit „ échantillon vous parviendra en bon état. Je continuerai de vous faire „ des envois de tems en tems, et je serai très-charmé d'apprendre que „ le beau jardin botanique de Gand aura accordé une place à ces plantes „ et que les Directeurs les auront jugées dignes d'y être cultivées.

„ Il ne m'a pas encore été possible de recueillir les graines que je „ voudrois vous envoyer. Cependant je me flatte que sous peu j'en „ recevrai une collection digne de vous être offerte. Je me propose „ également de vous faire parvenir des produits des îles adjacentes, „ dès que j'en trouverai l'occasion.

„ Je vous prie, Messieurs, d'agréer les nouvelles assurances de ma „ considération distinguée avec celles de l'intérêt que je prendrai con-„ stamment à l'établissement qui se trouve sous votre direction."

Signé, De Capellen.

Cette lettre étoit accompagnée de six caisses de végétaux, qui sont arrivées en bon état à Rotterdam le 26 Juin, et peu de jours après à Gand.

(1) MM. Gobert, Moerman, Verdonck, Jacq. vande Woestyne, Baut de Rasmont, Dekin, Dubois de Nevele, Dellafaille, Van Saceghem, Madame Vilain XIIII, MM. De Loose, De Meulemeester-Van Aken, De Cock, Josse Verleeuwen, Lorkain, De Grave, Wiegers à Malines, Verlaet à Louvain, Iweins à Courtrai, l'abbé Flamand à La Haye, Van Marum à Harlem, Smets et Sommé à Anvers, Membrede à Mastricht, Petit à Lille, Parmentier à Enghien.

de la science : situé au centre de l'Europe entre la France, l'Angleterre et l'Allemagne, dans le voisinage de la mer, il accroîtra chaque année ses richesses végétales et deviendra un point de réunion pour les plantes multipliées des différentes parties de la terre.

Cet établissement eut un effet prompt et senti, les principes de la botanique furent étudiés avec succès (1), les connoissances des plantes se répandirent généralement, il y eut bientôt dans la ville presque autant d'amateurs que d'habitans, chacun cultiva quelques plantes de choix (2), les jardins s'embellirent et les campagnes prirent une nouvelle face. Au milieu des frimats de l'hiver, on vit devant les fenêtres d'un grand nombre de maisons les plus belles fleurs du Japon, de la Chine et des deux Indes briller de tout leur éclat.

---

(1) M. Bernard Coppens donna comme professeur d'histoire naturelle à l'école centrale, une leçon de botanique au jardin depuis 1797 jusqu'à 1801. Après sa mort, M. Rozin, suédois et élève de Linnée, le fils, professeur d'histoire naturelle au département de la Dyle, vint trois fois par semaine de Bruxelles à Gand pour donner cette leçon, qui ensuite fut continuée par M. Kluyskens. Cette leçon depuis la suppression de l'école centrale n'existant plus, M. Verbeeck qui avoit fait de bonnes études à Gand et à Paris, voulut bien à ma demande faire gratuitement chaque année au jardin un cours de botanique, qu'il commença le 13 Juin 1809, par un beau discours, prononcé à l'occasion de cette ouverture et imprimé à Gand chez P. F. de Goesin-Verhaeghe, in-8. pp. 28. M. Verbeeck avoit donné cette leçon au jardin pendant trois ans, lorsqu'il fut nommé professeur de botanique et de chimie à l'école élémentaire de médecine de Gand, où il a depuis continué ce cours chaque année.

(2) *Gand*, disoit le célèbre botaniste Decandolle dans un rapport fait à la société d'agriculture de Paris, sur un voyage botanique et agronomique pendant l'été de 1810, *Gand semble être la ville privilégiée de la botanique*. Ce rapport curieux fait par un très-savant botaniste et excellent observateur, n'étant pas suffisamment connu, nous en donnerons un extrait à la fin de ce discours.

Nos jardiniers devinrent les cultivateurs les plus habiles et les plus renommés de l'Europe; c'est chez eux que viennent s'approvisionner les habitans des villes environnantes, et c'est de leurs jardins comme d'un foyer commun, que partent journellement de nombreux envois de plantes qui vont se rendre dans les Provinces septentrionales du Royaume, en France, dans l'Allemagne et dans les grandes villes de la Russie (1).

A côté du jardin, s'est formée en 1808, la Société d'Agriculture et de Botanique dont l'utilité est justement reconnue. Dans ses expositions d'été et d'hiver, elle présente souvent des plantes en pleine floraison d'une rare beauté que l'on y voit pour la première fois, en donnant en même tems l'exemple et le modèle d'une culture perfectionnée (2).

Elle ne s'est pas bornée à la culture des plantes exotiques et de pur agrément; mais remarquant que l'étude des plantes indigènes étoit trop négligée (3),

---

(1) La collection de M. Van Cassel, botaniste-cultivateur très-instruit, peut rivaliser avec celles des pépiniéristes les plus célèbres de l'Europe, il fait de nombreux envois de plantes en France, en Hollande, à Berlin et jusqu'à Moscou et St. Petersbourg. Les collections de Josse Verleeuwen, Liévin Mycke, François van Damme, méritent d'être vues, on y trouve un grand nombre de plantes les plus belles, telles que les Pivoines en arbre, les Camellia de toutes les variétés, les Azalea, les Rhododendrons, etc. à des prix très-raisonnables. M. Lorkain a une riche collection de plantes anciennes pour les jardins anglais. On a vu jusqu'à quarante mille pieds de Rhododendron dans le jardin de M. Casier. P. de Cock, qui vient d'obtenir le prix sur *la meilleure manière de cultiver les arbres fruitiers*, possède une riche collection de ces sortes d'arbres, qu'il vend à un prix raisonnable.

(2) On peut consulter pour cet objet les notices de l'exposition d'hiver et d'été, qui paroissent chaque année au commencement de Février et à la fin de Juin.

(3) Outre les plantes décrites dans les ouvrages de Dodonée, Clusius et de Lobel, nous n'avions sur les plantes indigènes de notre pays que: *Natalis Josephi de Necker, deliciæ Gallo-Belgicæ sylvestres, sive*

elle a appellé dès l'an 1809, l'attention des botanistes à s'occuper davantage des plantes qui croissent spontanément autour de nous. Un jeune botaniste, aussi modeste qu'instruit, M. Charles van Hoorebeke s'est chargé de nous donner la Flore de la Province, et la Société aura le plaisir de couronner dans cette séance pour la troisième fois ses travaux et ses succès. On verra par la publication de cet ouvrage que le nombre de plantes indigènes est beaucoup plus considérable dans ce pays qu'on ne le croit ordinairement, et que la culture quelque perfectionnée qu'elle soit, laisse encore de la place à beaucoup de plantes utiles et agréables qui croissent spontanément autour de nous.

Trois objets d'une haute importance ont aussi attiré l'attention de la Société, l'amélioration de la culture des arbres fruitiers, le perfectionnement des bâtimens ruraux et la culture des abeilles. Différens

---

tractatus generalis plantarum Gallo-Belgicarum secundum principia Linnæi. Argentorati, 1768. in-8. 2 vol. --- *Rosin, herbier portatif des plantes qui se trouvent dans les environs de Liège, premier cahier.* (Liège) 1791. in-8. pp. 72. --- *Roucel* (chirurgien à Alost), *Flore du nord de la France, ou description des plantes indigènes et de celles cultivées dans les départemens de la Lys, de l'Escaut, de la Dyle et des Deux-Nèthes.* Paris, 1803. 2 vol. in-8.

Depuis l'établissement de la Société d'Agriculture et de Botanique de Gand, on a vu paroître successivement : *Flore des environs de Spa, par A. L. S. Lejeune.* Liège, 1811. 2 vol. in-8. --- *J. Kickx, flora Bruxellensis.* Brux., 1812. in-8. --- *Agrostographie des départemens du nord de la France, par M. Desmazières.* Lille, 1812. in-8. --- *A. Dekin, florula Bruxellensis.* Brux., 1814. in-8. --- *Flore du département de Jemmape, par M. Hocquart.* Mons, 1814. in-12.

Tous les auteurs de ces ouvrages sont membres correspondans de la Société. On peut encore ajouter l'ouvrage suivant de feu M. De Servais sur les arbres et arbustes étrangers qu'on peut acclimater dans nos Provinces : *Verhandeling van de boomen, heesters, enz. welke in de nederlandsche luchtstreek de winter-koude konnen uytstaen.* Mechelen, Hanicq, 1790. in-8.

mémoires parvenus à la Société, répondent d'une manière satisfaisante aux principaux points des deux premières questions, et la troisième a été remise à une autre année, à cause de plusieurs expériences qu'il est encore nécessaire de faire sur cet objet.

Grâces soient rendues aux auteurs d'une Société si utile! honneur sur-tout à la mémoire de son premier Président, M. Jacques vande Woestyne, qui pendant sept ans avec un zèle actif et une rare constance a présidé à tous nos travaux. Cultivant avec soin une nombreuse quantité de plantes de pleine terre et d'orangerie à sa belle campagne de Melle, il communiquoit avec plaisir les connoissances que son expérience, aidée d'une grande mémoire, lui avoit procurées. Sa vie modérée et son âge peu avancé nous faisoient espérer de le posséder encore long-tems, lorsqu'une mort prématurée est venue l'enlever et à cette Société qu'il chérissoit tendrement, et au jardin botanique dont il étoit un des Directeurs les plus zélés, et qu'il ne manquoit jamais un jour de visiter (1).

Si vous avez voulu, mes chers Collègues, me nommer quoique absent, pour succéder à cet homme de bien en qualité de Président de la Société, je ne puis reconnoître dans cette action que la bonté de mes compatriotes qui dans toutes les circonstances m'ont donné les preuves les plus signalées de leur constante bienveillance. Je vous prie de croire combien j'y suis sensible et combien je sens l'obligation de faire de nouveaux efforts pour répondre par un redoublement de zèle à tant de bienfaits.

Le jardin botanique de Bruxelles, établi en 1797 par M. Vander Stegen de Putte, professeur d'histoire

(1) M. Jacques vande Woestyne, est mort à Gand le 4 Octobre 1815, âgé de 54 ans.

naturelle à l'école centrale du département de la Dyle, fut considérablement enrichi par M. Adrien Dekin, botaniste instruit et très-actif, qui, après la mort de M. Vander Stegen et la suppression de l'école centrale en devint directeur et qui a fait rebâtir il y a cinq ans, sur un plan beaucoup plus vaste, les serres chaudes, riches d'un grand nombre de plantes exotiques.

Le jardin de plantes de l'école centrale établi à Anvers aux Carmes déchaussés, et celui de Bruges établi au grand jardin de l'abbaye des Dunes, ont été détruits après la suppression des écoles centrales. On regrette qu'il ne se soit pas trouvé un seul homme assez zélé dans cette dernière ville pour conserver ce jardin, qui par sa vaste étendue et la bonté du sol, offroit un établissement utile à la culture des plantes, et auroit présenté une promenade agréable aux habitans de Bruges.

Une société d'émulation des sciences et des arts qui se forma à Anvers lorsque M. d'Herbouville fut Préfet du département des Deux-Nèthes, s'occupa aussi des progrès de l'agriculture, quelques mémoires bien faits sur le défrichement et la culture des bruyères, qu'on trouve dans le premier et seul volume qui ait été publié, nous laissent des regrets que cette société après le départ de son savant et zélé Administrateur, ait cessé ses travaux.

La société d'agriculture du département de la Lys établi à Bruges, tint sa première séance publique en 1807 et publia successivement quatre petits volumes de mémoires intéressans (1), on doit regretter que depuis six ans cette utile société ait entièrement interrompu ses travaux.

(1) A Bruges chez Bogaert-Du Mortier, 1807, 1808, 1809 et 1811.

Pendant que nos jardins et nos campagnes s'enrichirent de nouvelles plantes, de nouveaux arbres et arbustes (1), les champs de la Flandre et du Brabant continuèrent à présenter l'image d'une culture perfectionnée. Nulle part, on n'y rencontre des jachères, à peine le froment et le seigle sont coupés et réunis en gerbes, que la charrue déchire aussitôt la terre pour lui confier des semences d'une nouvelle reproduction, et ce qui fait le triomphe de cette culture, c'est que les terres les plus sablonneuses et les plus stériles en apparence des environs de Gand, de Bruges et du pays de Waes, amendées par l'industrie du cultivateur et par beaucoup d'engrais, produisent des récoltes aussi abondantes que le pourroient faire les terres les plus fertiles. Plusieurs bruyères qui existoient encore entre Gand et Bruges, et entre cette dernière ville et Ypres ont été cultivées et ensemencées de différentes espèces d'arbres, et la terre qui dans cette Province ne produisoit pas assez il y a trois siècles, pour la nourriture de ses habitans, offre actuellement chaque année un excédant considérable que l'on exporte à l'étranger.

Nos terres sont regardées comme classiques; un Anglais (2) qui les visita, il y a plus d'un siècle et

(1) „ Nulle part, dit M. Decandolle, la passion de la culture des „ plantes n'est portée aussi loin que dans la Belgique; chacune des villes „ de cette fertile Province rivalise pour la beauté des établissemens „ qu'elle a consacrés à Flore. Parmi les particuliers, les uns y ont établi „ de vastes jardins où ils rassemblent tous les végétaux. D'autres, plus „ utiles peut-être, ont borné tous leurs soins à la culture d'un genre ou „ d'une famille, et en étudient avec soin les mœurs et les habitudes."

„ La Belgique, l'Angleterre et Paris sont les trois points de l'Europe „ où la culture des plantes est la plus soignée." *Mercure de France*, Févr. 1811. pag. 296 et 297.

(2) Samuel Hartlib a publié à ce sujet plusieurs ouvrages, dont voici les deux principaux : *A discourse of husbandry used in Brabant and Flan-*

demi, en porta le mode de culture dans son pays; depuis et tout récemment de savans agronomes Arthur Joung, les sénateurs Depère et François de Neufchâteau, et l'Allemand Schwartz sont venus étudier notre agriculture et l'ont fait connoître dans des ouvrages publiés par la voie de l'impression.

Les terres du Hainaut, du Brabant-Wallon et du Namurois n'ont pas fait par-tout les mêmes progrès en agriculture, l'inutile jachère n'y est encore que trop connue, et ces terres bien plus fertiles par leur nature que celles de la Flandre, mais moins bien cultivées, y donnent des récoltes bien inférieures à celles de notre pays (1).

Nous ne pouvons pas passer sous silence une nouvelle tentative faite par un de nos compatriotes, qui peut avoir le plus heureux résultat. Pendant le moyen âge et jusque dans le dix-septième siècle, plusieurs endroits du Brabant et sur-tout les environs de Louvain avoient des vignobles qui produisoient chaque

ders, shewing wonderfull improvement of land there, and serving as a pattern for our practice in this common-wealth. London, William du Gard, 1650. in-4. --- *His legacie, or an enlargement of the discourse of husbandry used in Brabant and Flanders.* London, 1651. in-4. On trouve les titres de ses autres ouvrages dans la *Bibliotheca botanica* de *Seguier.* Hagæ-Comitum, 1740. in-4. pag. 367.

(1) On peut voir à ce sujet le curieux mémoire de M. le conseiller De Burtin intitulé : *L'inutilité des jachères démontrée par l'expérience, et sur-tout par la culture des Pays de Waes et Termonde.* Brux., Weissenbruch, 1809. in-12. pp. 23. et *Notes sur l'abolition des jachères, et les avantages de la culture flamande, par le Sieur Mondez, propriétaire à Frasnes.* Mons, 1811. in-8. L'auteur qui a introduit dans ses terres la culture flamande, en a été récompensé par ses succès, et la société d'agriculture de Paris lui a envoyé une médaille d'or; mais ses compatriotes, cultivateurs des environs, au lieu de le remercier de cette tentative, l'ont accablé d'injures dans des *observations*, imprimées à Namur chez Dieudonné Gerard. Tant il est difficile d'opérer le bien et de vaincre des préjugés enracinés!

année une assez grande quantité de vin (1); surchargés d'impôts, la culture en a été insensiblement abandonnée. M. Audoor, né à Audenaerde et établi à Bruxelles, connoissant très-bien l'histoire de son pays et très-versé dans l'économie rurale, a conçu le projet de rétablir dans le Brabant la culture de la vigne (2); faisons des vœux pour que ce projet patriotique puisse obtenir le plus heureux succès!

Pardonnez, chers Collègues, si l'abondance de la matière m'a entraîné plus loin que je ne me l'étois d'abord proposé; mais peut-on être court en parlant d'un art exercé dans cette Province avec une si grande supériorité, et n'avois-je pas le droit d'être assuré de votre indulgence, en vous entretenant d'une science que vous cultivez avec tant de succès?

Vous allez entendre le rapport de M. le Secrétaire sur les travaux de la Société et sur les mémoires qui lui sont parvenus.

---

(1) C'est ce que l'on peut voir dans le *Rudimentum noviciorum*. Lubecæ, 1475. in-fol. et *La mer des histoires*. Paris, 1488. 2 vol. in-fol. qui en est la traduction, art. *Brabant*, ainsi que dans Barlandus, *Germaniæ inferioris urbes*. Antv., 1526. in-12. In *Lovanio*; Guichardin, *descr. des Pays-Bas*, 1567. --- *Ortelii et Viviani itinerarium*. 1584. et dans d'autres ouvrages. Les principaux villages où l'on cultivoit la vigne, étoient situés dans les endroits élevés de vieux Roesselberg, moyen Roesselberg, nouveau Roesselberg, Calvarien-berg, Swaenen-berg, Kessel-berg, Vleen-berg, Hoege-berg, Galgen-berg, Hennen-berg, Schoer-berg. *Molanus, hist. Lovaniensis, l. XIV.* In *Vineæ*. MS. que je possède.

(2) Pour parvenir à ce but, M. Audoor, a fait venir depuis 1814, près de deux cents mille ceps de vigne des environs de Reims en Champagne et de Beaune en Bourgogne, qu'il a plantés dans un sable ferrugineux, incliné au midi sur le penchant d'une colline dans le village de Wesemael, situé à une lieue et demie au nord-est de Louvain. Son vignoble occupe présentement six hectares et il se propose d'y ajouter au printems prochain encore un hectare et demi. C'est utiliser un terrain qui ne produisoit rien, qui étoit trop pierreux pour y semer des céréales et qui n'avoit pas assez de fond pour y faire venir le bois de raspe. Le Roi reconnoissant l'utilité de cette tentative, a exempté le sol pour trente ans, d'impositions.

Extrait du rapport sur un voyage botanique et agronomique dans les départemens du nord-est (de la France), par M. Decandolle, pendant l'été 1810, *tiré des* Mémoires d'agriculture du département de la Seine, *tom.* 14. *Paris, mad. Huzard,* 1811. *in*-8. *pag.* 213. - 287., *dont il est parlé ci-devant pag.* 58.

AGRICULTURE.

.... »Je me suis rendu à Trèves, à Luxembourg, et de-là au travers de l'Ardenne jusqu'à Liège; tout ce trajet se fait au travers d'un pays qui, bien que situé entre les deux Provinces les mieux cultivées de l'Europe, est encore abandonné à la routine la plus aveugle, et présente presque par-tout l'aspect d'un désert abandonné. .... en approchant de Liège, on commence à retrouver une agriculture soignée et florissante : mais je suis de nouveau rentré dans les déserts en rentrant dans l'Ardenne par Spa. .... après avoir visité les environs de Cologne, je me suis rendu à Neuss, et de-là à Dyck, où M. le Comte de Salm a fondé l'un des plus beaux jardins de botanique qui existent en France; j'ai ensuite passé par Neuss, Aix-la-Chapelle et Mastricht, pour venir visiter une partie de la Campine, vaste désert d'eau et de sable, qui sépare la Belgique de la Hollande, qui rappelle alternativement, ou les landes de Bayonne, ou les étangs du pays de Dombes, et qui attriste d'autant plus l'observateur, que, sous cette apparence de stérilité, il y voit partout que cet état est principalement dû à l'inertie des habitans. Après avoir visité la partie de la Campine voisine de Mastricht, je suis venu parcourir la Belgique, d'abord du côté de Namur, où l'agriculture se ressent encore un peu du voisinage de l'Ardenne;

puis du côté de Mons, Louvain et Bruxelles, où, à chaque pas, se présentent en foule les preuves de l'industrie agricole la plus perfectionnée. De-là, je me suis dirigé vers Malines et Anvers, où j'ai eu occasion d'étudier les conquêtes de l'agriculture, d'un côté sur la mer, (*l'Escaut*) par la méthode des Poldres; de l'autre, sur les sables de la Campine, par les défrichemens réguliers qui y sont établis. Pour venir d'Anvers à Gand, j'ai traversé le pays de Waes, qui paroît la partie la mieux cultivée de toute la Flandre, et par conséquent du monde entier. Les environs de Gand ont excité en moi une admiration sans cesse renaissante; et j'aurai, dans la suite de ce rapport, occasion de les citer d'autant plus souvent, que M. De Lichtervelde, Adjoint au Maire de Gand, m'a communiqué à leur égard les renseignemens les plus précieux (1). De Gand, je suis encore venu à Lille, en recueillant quelques observations; mais alors l'arrivée de l'hiver m'a obligé de terminer mon voyage."

BOTANIQUE.

» La botanique indigène des Provinces que j'ai parcourues cette année, n'offre qu'un intérêt très-borné. Ce pays ne présente pas assez de variétés dans les sites, les expositions, les hauteurs de ses sommités, pour offrir une grande variété de végétaux; et placé, comme il est, au centre des régions les plus instruites de l'Europe, il a été déjà souvent exploré par des botanistes habiles..................... La vaste chaîne

(1) M. le comte Joseph de Lichtervelde a depuis publié son *Mémoire sur les fonds ruraux du département de l'Escaut*, Gand, P. F. de Goesin-Verhaeghe, 1815. in-8. avec fig.

des Ardennes a été jusqu'ici complètement négligée par les botanistes; M. Lejeune, médecin instruit, de Verviers, a fait connoître les plantes de la partie de l'Ardenne qui l'avoisine; il a été puissamment secondé dans ses recherches par Melle Libert, de Malmedy, qui, dans un séjour si éloigné de toute instruction, s'est livrée à l'étude de l'histoire naturelle de son pays avec un zèle et un talent d'autant plus dignes d'éloges, que ses succès n'ont nullement altéré la modestie et la naïveté de son esprit. La société des recherches utiles, établie à Trèves, a commencé à recueillir les plantes du département de la Sarre, et il y a tout lieu d'espérer qu'elle fera connoître la végétation de cette Province si long-tems négligée. J'ai aussi herborisé avec soin dans diverses parties de l'Ardenne; mais ce pays est tellement monotome dans sa nature physique, que le nombre des plantes sauvages y est très-borné. Enfin, la Belgique et la Flandre ont été décrites, quant à leurs végétaux indigènes, par Necker, Lestiboudois et Roucel; leurs ouvrages, quoique en apparençe fort incomplets, laissent cependant peu de chose à désirer, parce que ce pays présente peu de variétés dans la végétation, et que la culture y est tellement perfectionnée, qu'il n'y a (si j'ose m'exprimer ainsi) plus de place pour les mauvaises herbes. Aussi l'étude des végétaux indigènes est-elle extrêmement négligée en Belgique; toute l'attention des amis de Flore a été portée sur la culture des plantes étrangères. Leurs succès dans cette culture sont très-remarquables, et le nombre des établissemens de ce genre qui existent en Belgique, est véritablement extraordinaire (1). Les hommes riches

(1) „ Qu'on me permette de citer ici les principaux jardins de la Belgique, afin de donner une idée du point où cette mode est devenue gé-

en font un objet de luxe et d'ostentation; les marchands étendent cette industrie au point d'en faire

---

nérale. A Enghien, M. le sénateur d'Arenberg a établi des serres très-riches dans son parc, où se trouvent beaucoup d'arbres étrangers; M. Parmentier, maire d'Enghien, a réuni, dans un espace resserré, un nombre prodigieux d'espèces rares, tirées la plûpart des jardins d'Angleterre, et qu'il a l'art de cultiver et de multiplier avec beaucoup de talent. A Bruxelles, MM. d'Ursel et d'Arenberg ont aussi des serres qui renferment beaucoup d'objets rares. M. Piers, (de Gand) fonde un jardin, aussi remarquable par l'élégance de sa disposition, que par le choix des plantes qu'il y cultive; les Magnoliers et les Géranium font l'objet spécial de ses soins. M. Dekin, directeur du jardin public, a fait de cet établissement un des jardins les plus riches de la France, et contribue beaucoup, par son activité et sa complaisance, à étendre autour de lui le goût de la botanique. MM. Verlaet et Dartois ont réuni, dans leur magnifique jardin de Wespelaer, une collection riche et précieuse de végétaux exotiques. M. Van Mons a formé une collection immense d'arbres fruitiers. M. Coloma, à Malines, se livre aussi avec un grand succès à ce genre de culture, et y joint une belle collection de plantes grasses. M. Wiggers possède aussi, à Malines, l'un des jardins marchands les plus riches et les plus soignés qu'on puisse rencontrer. A Anvers, on doit citer seulement le jardin de M. Smets, assez intéressant par sa disposition et le choix de quelques-unes de ses plantes. Gand semble être la ville privilégiée de la botanique; le marché des fleurs annonce déjà la richesse des jardins marchands; la collection de M. Van Cassel est digne de rivaliser avec celles des pépiniéristes les plus célèbres; MM. Papeleu, Verdonck, Vander Woestyne, Bauwens, Le Bègue, ont tous de petites collections, mais remarquables par le choix et la bonne tenue des plantes. Une Société botanique, composée d'amateurs, distribue deux fois par an des prix à ceux qui peuvent présenter les fleurs les plus rares; le jardin public, fondé depuis quelques années, et cultivé sous la direction de M. Mussche, présente un beau local, des serres superbes et un choix de plantes précieuses; enfin le village de Wetteren semble une vraie colonie. M. Hopsomere ayant reconnu que le sol de son jardin étoit une terre intermédiaire entre celle de marais et celle de bruyère, y a établi une collection remarquable d'arbres et d'arbustes de l'Amérique septentrionale, on se promène avec admiration au milieu de gros buissons de Rhododendrons, de Kalmia, de Magnoliers, et on se croit tout d'un coup transporté dans le nouveau monde. Mad. Vilain XIIII. a formé près de-là un établissement magnifique, dans lequel se trouvent, et les cultures de pleine terre, et des serres vastes et bien meublées, et une bibliothéque botanique; elle-même dirige ce jardin précieux, et embellit sa retraite par l'étude et le travail."

une branche importante de commerce; les amateurs choisissent chacun quelques genres de plantes, à la propagation desquels ils donnent tous leurs soins, et ils servent ainsi à l'avancement de la science; les agriculteurs trouvent dans cette mode, des occasions d'obtenir de nouvelles plantes utiles à naturaliser, et des exemples d'une culture perfectionnée; les moralistes mêmes ne peuvent voir dans ce genre de luxe, considéré en général, qu'un moyen précieux d'attacher davantage chaque individu à sa demeure, en l'occupant sans cesse de travaux doux et paisibles."

www.ingramcontent.com/pod-product-compliance
Ingram Content Group UK Ltd.
Pitfield, Milton Keynes, MK11 3LW, UK
UKHW022110170726
13837UKWH00003B/1152